FORSCHUNGSBERICHTE
DES WIRTSCHAFTS- UND VERKEHRSMINISTERIUMS
NORDRHEIN-WESTFALEN

Herausgegeben von Staatssekretär Prof. Dr. h. c. Leo Brandt

Nr. 479

Prof. Dr.-Ing. Walther Wegener
Dipl.-Ing. Herbert Fourné
Institut für Textiltechnik der Rhein.-Westf. Technischen Hochschule Aachen

Ursache des Überschreitens der Toleranzgrenze nach oben oder unten (Meter pro Gramm) an der Strecke

Als Manuskript gedruckt

WESTDEUTSCHER VERLAG / KÖLN UND OPLADEN
1957

ISBN 978-3-663-03861-0   ISBN 978-3-663-05050-6 (eBook)
DOI 10.1007/978-3-663-05050-6

Forschungsberichte des Wirtschafts- und Verkehrsministeriums Nordrhein-Westfalen

Gliederung

Vorwort .... S. 5

I. Produktionsverlauf und Fertigung des Versuchs-
materials .... S. 6

II. Definition der Ungleichmäßigkeit und der Nummernabweichungen .... S. 9

III. Die Nummern-Kontrollpunkte und -Kontrollverfahren
in der Dreizylinderspinnerei .... S. 10

IV. Die Nummernkontrolle auf kapazitivem Wege .... S. 20

V. Versuchsdurchführung, -auswertung und -ergebnisse ... S. 29

VI. Betrachtungen zu den Versuchen .... S. 42

VII. Zusammenfassung .... S. 44

Forschungsberichte des Wirtschafts- und Verkehrsministeriums Nordrhein-Westfalen

Vorwort

Jeder Baumwollspinner weiß, daß an der Endstrecke aus bislang noch nicht nachgewiesenen Ursachen Nummernschwankungen auftreten, die ein Austauschen des Nummernwechsels erforderlich machen. Wir haben uns die Aufgabe gestellt, den Ursachen dieser Erscheinung nachzugehen. In einer ausführlichen Abhandlung, die hier nicht wiedergegeben ist, wird der Nachweis geliefert, daß die Nummernschwankungen am Faserband der Endstrecke bei normalen Raumklimabedingungen sich nicht auf die Raumklimaschwankungen und das Außenklima zurückführen lassen. Nach dieser Feststellung wurde in einer weiteren umfangreichen Arbeit nach anderen Ursachen für das Überschreiten der Toleranzgrenzen an der Endstrecke geforscht. Die Besprechung dieses Problems ist der Gegenstand der hier vorliegenden Abhandlung.

Wie WEGENER und BRAUNE[1] nachgewiesen haben, ist das Kardenband das verzogene Abbild des Wickels, wobei sich im Kardenband den Ungleichmäßigkeiten des Wickels noch kurzwellige Ungleichmäßigkeiten überlagern, die auf der Karde entstehen. Nach dem Kardieren folgt in der Dreizylinderspinnerei für die Herstellung kardierter Garne das Strecken, dessen Aufgabe

1. die Vergleichmäßigung,
2. die Parallelisierung,
3. die evtl. Verfeinerung, die bei den Kurzspinnverfahren Bedeutung hat,

ist. Auf den Strecken werden die Faserbänder dubliert, um die vorhandenen Ungleichmäßigkeiten zu verringern. Dabei kann je nach der Verfahrenstechnik neben der Längs- auch die Querstreuung verkleinert werden.

Von den im Endstreckenband vorkommenden Ungleichmäßigkeiten sind die langwelligen Schwankungen besonders störend. Sie machen sich in den nachfolgenden Passagen und schließlich im Endgespinst als Nummernschwankungen bemerkbar. Den Nummernschwankungen der Endstrecke kommt daher eine besondere Bedeutung zu.

Es soll deshalb in der nachfolgenden Abhandlung festgestellt werden, ob die Nummernschwankungen des Endstreckenbandes auf die Ungleichmäßigkeit

---

1. WEGENER, W. und BRAUNE, H.-E.,
   Die Ungleichmäßigkeit des Kardenbandes in Abhängigkeit von der des Batteurwickels, Textil-Rundschau 10, 219, 1955

des Batteurwickels zurückgeführt werden können und ob der zeitweilig bei Überschreiten der Toleranzgrenzen an der Endstrecke vorzunehmende Nummernwechsel damit im kausalen Zusammenhang steht.

I. Produktionsverlauf und Fertigung des Versuchsmaterials

Die Untersuchungen wurden in einer Baumwollspinnerei Westdeutschlands durchgeführt, in der durch Klimatisierung $(23 \pm 2)°$ C und (48 ± 2) % rel. Luftfeuchtigkeit gehalten werden. In dem Maschinenplan der Abbildung 1 bezeichnen die schwarz ausgezogenen Stellen die für die Versuchsdurchführung benutzte Karde und die benutzten Streckenablieferungen. Um die Maschineneinflüsse während der Versuche konstant zu halten, wurden stets dieselbe Karde und dieselben Ablieferungen eines Streckensortimentes verwendet. Aus dem Spinnplan der Tabelle 1 sind Einzelheiten für die Versuchsdurchführung und für die normale Produktion zu ersehen.

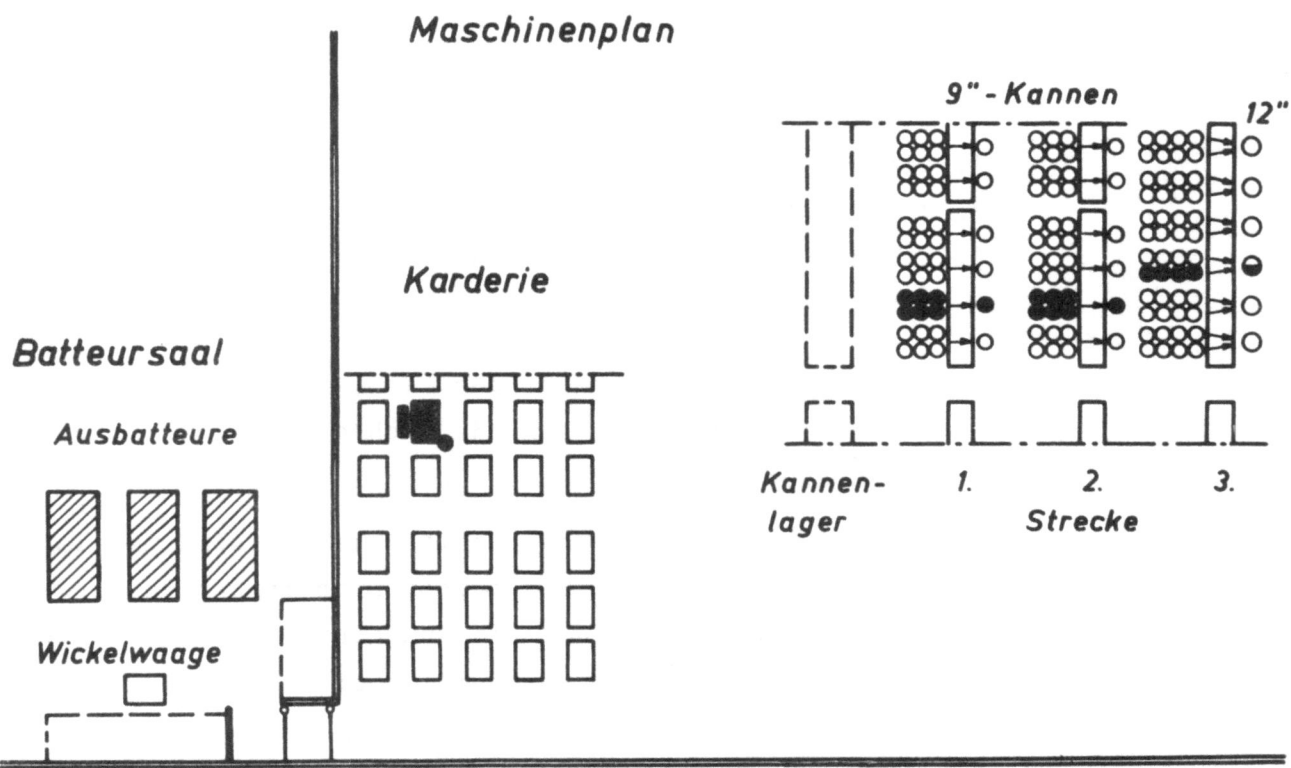

A b b i l d u n g 1
Maschinenplan des betrachteten Arbeitsbereiches

Tabelle 1

Spinnplan in dem betrachteten Arbeitsbereich

Maschine	Fabrikat	Kannen-durchmesser	Streckwerk	Nm_{soll}	Doublierung	Verzug	Liefer-geschw. (prakt.) m/min	Ablieferung in der Pro-duktion ist abgestellt auf
Aus-Batteure	Howard & Bullough	–	–	0,003	4	4,78	8,9	Lauflänge von 44,5 m
Karde	Howard & Bullough	9"	–	0,305	–	≈100	18,6	Laufzeit von 60 min
1. Strecke	Howard & Bullough	9"	norm. 4-Zyl.-	0,300	6	5,90	37,0	volle Kanne ≈1100 m Deckelab-stellung
2. Strecke	Howard & Bullough	9"	norm. 4-Zyl.-	0,270	6	5,40	33,0	1000 m (m-Zähler)
3. Strecke	Rieter-Strecke mit Doppelband-ausgang	12"	3-üb.4-Zyl.-	0,400	4	5,93	23,4	1100 m (m-Zähler)

Die 1. Versuchsreihe bezieht sich auf die Qualität I (Klassierstapel 1 1/8", Memphis), die weiteren Versuchsreihen beziehen sich auf die Qualität II (Klassierstapel 1 3/8", Peru). Ein unterschiedliches Verhalten beider Qualitäten, die ständiger routinemäßiger Kontrolle hinsichtlich der Gleichmäßigkeit ihrer Zusammensetzung unterliegen, wurde während der Versuchsdurchführung nicht festgestellt.

Man betrachte zunächst einmal die normale Produktion: In der normalen Produktion gelangen die von den Batteuren kommenden Wickel als Reserve vor die einzelnen Karden. Der Transport hierher geschieht je nach Bedarf direkt oder nach einer Zwischenlagerung. Ein Arbeiter bedient 16 bis 20 Karden. Er legt stets direkt hintereinander an allen Maschinen seines Arbeitsbereiches neue Wickel an. Für die untersuchten Qualitäten I und II erfolgte das Wechseln der Kannen an sämtlichen Karden nacheinander alle 60 Minuten. Wie aus dem Spinnplan der Tabelle I hervorgeht, wurde das Faserband in drei Passagen dubliert und gestreckt, wobei der Arbeiter allen Ablieferungen der 1. Passage einer Maschine gleichzeitig neue Kannen vorsetzte. An der 2. und der 3. Strecke wurden, etwa in gleichen Zeitabständen von Ablieferung zu Ablieferung fortschreitend, neue volle Kannen vorgestellt. Während man die 2. Passage etwa alle 43 min mit 6 Kannen versorgte, wurde die 3. Passage alle 42 min mit zweimal 4 Kannen beliefert (zwei Bänder je Ablieferung). Es werden von den 4 Ablieferungen des Kopfes der 1. Passage stets 4 Kannen gleichzeitig abgezogen und einer freiwerdenden Ablieferung des Kopfes der 2. Passage vorgesetzt, wobei der Rest aus vor- oder nachher gelieferten Kannen zu ergänzen ist. Dasselbe gilt entsprechend für die 3. Passage. Bedingt durch diese Arbeitsweise des nacheinander erfolgenden Ansetzens neuer Kannen in Gruppen zu je sechs an der 2. und der 3. Strecke, ergibt sich, daß nie der Anfang bzw. das Ende eines Streckenbandes an den verschiedenen Ablieferungen gleichzeitig verarbeitet werden. Daraus folgt, daß bei jeder nachfolgenden Passage keine gleichzeitige Dublierung solcher Ansatzstellen stattfinden kann. Außerdem werden durch die Dublierung von Bändern verschiedener Ablieferungen in der weiteren Passage die Querstreuungen zwischen den Ablieferungen eines jeden Kopfes reduziert.

Bei den Versuchen dagegen wurden der 2. und der 3. Strecke stets Kannen ein und derselben Ablieferung der vorhergehenden Passage vorgelegt.

II. Definition der Ungleichmäßigkeit und der Nummernabweichungen

Die Ungleichmäßigkeit ist ein Maß für die durchschnittliche Abweichung der Istwerte von ihrem Mittelwert, ausgedrückt durch den Variationskoeffizienten

$$V = \frac{s}{\bar{x}} \cdot 100 \; (\%).$$

Hierin bedeuten:

s die mittlere quadratische Abweichung der Istwerte vom Mittelwert,

$\bar{x}$ den Mittelwert.

Bei kapazitiven Meßverfahren werden in der Regel mit Auswertegeräten oder Integratoren zu dem Mittelwert $\bar{x}$ und der mittleren quadratischen Abweichung s proportionale elektrische Werte ermittelt. Hieraus läßt sich dann V gemäß der obigen Beziehung errechnen.

Man unterscheidet kurz- und langwellige Ungleichmäßigkeiten. Letztere werden auch als Nummernschwankungen bezeichnet. Nummernschwankungen sind bei normal verlaufenden Produktionsprozessen unvermeidlich. Überschreiten sie jedoch vorbestimmte Toleranzgrenzen, dann sind die Schwankungen entweder noch zufällig oder bereits auf äußere Einflüsse zurückzuführen. Solange die Ursachen nicht erkannt oder abstellbar sind, sollte man das betroffene Material aus der Produktion nehmen. Das ist bei Wickeln noch wirtschaftlich zu vertreten, jedoch nicht mehr für den weiteren Produktionsverlauf. Wenn die Sortierung eines Streckenbandes Nummern ergibt, die außerhalb der Toleranzgrenzen liegen, so erwägt man Maßnahmen, um die Bandnummern wieder in den Toleranzbereich der Sollnummern hineinzubringen, was durch die Veränderung der Zähnezahl des Nummernwechselrades (Nummernwechsels) möglich ist. Mit dem Nummernwechsel lassen sich die langwelligen Schwankungen korrigieren. Die diesbezügliche Sortierung wird stets an den Endstrecken vorgenommen.

Die Abbildung 2 zeigt den idealisierten Verlauf der Istnummernschwankung Nm_{ist} eines Faserbandes der Endstrecke um die Sollnummer Nm_{soll} in Abhängigkeit von der Bandlänge

    a) in ihrem normalen Verlauf

    b) nach mehrfach vorgenommenem Nummernwechsel.

Die in der Abbildung 2 eingezeichneten Kreuze geben die vorgenommenen Nummernwechsel an.

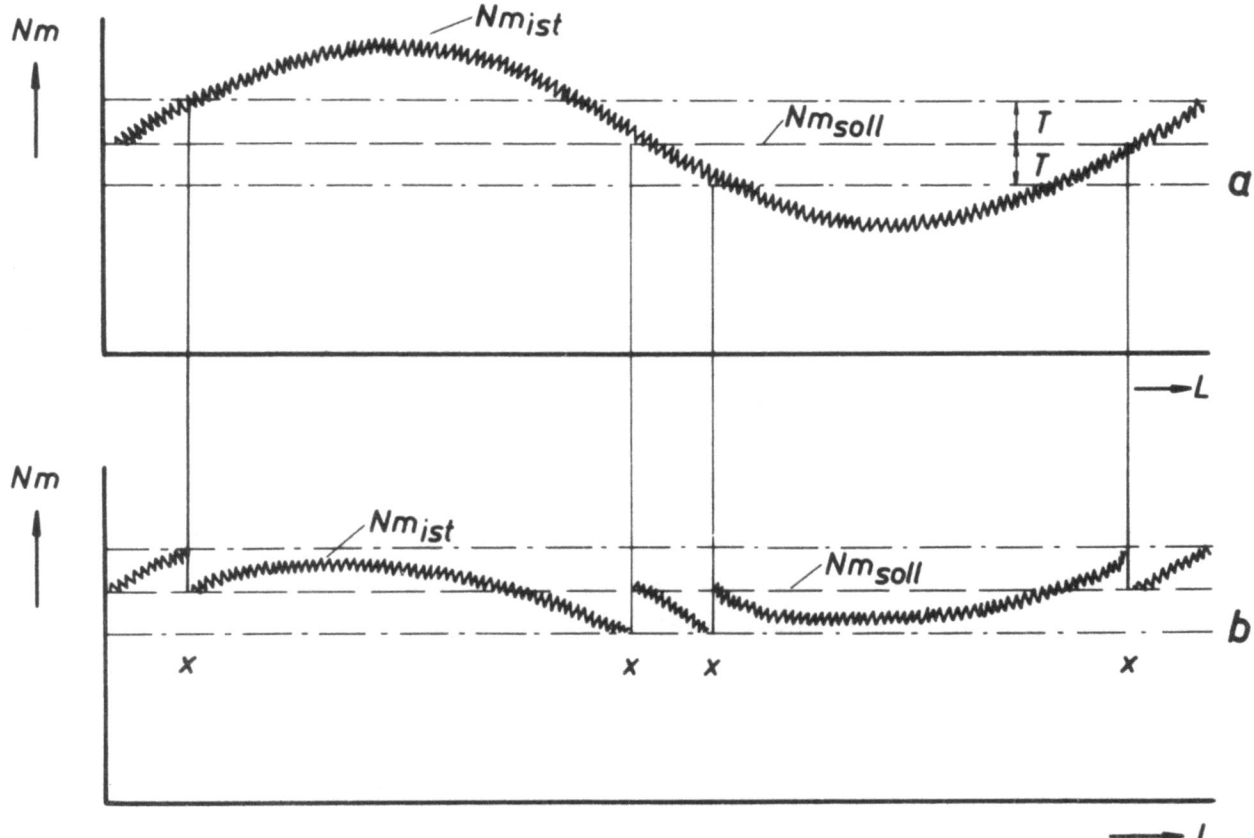

Abbildung 2

Idealisierter Verlauf der Istnummernschwankung eines Faserbandes
der Endstrecke um die Sollnummer

a) in ihrem normalen Verlauf

b) nach mehrfach vorgenommenem Nummernwechsel

III. Die Nummern-Kontrollpunkte und -Kontrollverfahren in der Dreizylinderspinnerei (normale Produktion)

Als Kontrollpunkte sind in dem betrachteten Bereich die Sortierungen am Ausbatteur und an der Endstrecke vorgesehen.

Nach der Betriebsvorschrift wird im vorliegenden Fall am Ausbatteur für eine Lauflänge von 44,5 m und ein Sollgewicht von 15,6 kg eine Gewichtstoleranz von $\pm$ 0,2 kg zugelassen. Diese Toleranz ist ein Erfahrungswert aus dem 95-%-Streuband; der Begriff des Streubandes wird bei der Besprechung der aufgenommenen Faserbanddiagramme der Endstrecke erklärt.

Aus der vorbestimmten Toleranz herausfallende Wickel werden nicht verwendet und wandern in die Ballenbrecher zurück. Die Wickelgewichte werden laufend in eine Wickelgewicht-Kontrollkarte eingetragen. Auszugsweise sind solche Wickelgewichts-Kontrollkarten in der Abbildung 14 wiedergegeben. Einen Überblick über die Mittelwerte und Variationskoeffizienten der Wickelgewichte vermitteln die beiden Tabellen 2 und 3. Aus je 100 einzelnen aufeinanderfolgenden Wickelgewichten wurden nach DIN 53 804 der Mittelwert $\bar{x}$ und der Koeffizient der Variation "zwischen" den einzelnen Wickelgewichten CB (englisch: coefficient of variation between) bestimmt. Da es sich bei CB um eine längenabhängige Aussage handelt, bedient man sich zweckmäßigerweise der Schreibweise CB(L) und erhält somit für eine konstante Wickellänge L = 44,5 m den Variationskoeffizienten "between" als CB(44,5 m). Es sind also in der Tabelle 2 die zu den einzelnen Wickelgewichten $\bar{x}$ gehörigen CB(L)Werte ermittelt. Bestimmt man jedoch durch z.B. kapazitive Abtastung die Variation der Fasermasse "innerhalb" eines einzelnen Wickels, so erhält man den Variationskennwert CV (englisch: coefficient of variation within). Dieser ist ebenfalls längenabhängig, folglich schreibt man hierfür CV(L) bzw. CV(44,5 m). Es sind also in der Tabelle 3 die zu den einzelnen Wickelgewichten $\bar{x}$ ermittelten CV(L)Werte eingetragen. Die eingeklammerten Längen L sind in dieser Abhandlung stets in Metern angegeben.

An jeder Endstrecke nimmt man dreimal täglich zu bestimmten Zeiten (z.B. 7,00; 10,30; 15,00 Uhr, sonnabends um 8,00 Uhr) eine 3-m-Sortierung vor. Dabei wird je ein Sortierwert von jeweils drei zufällig ausgewählten Kannen verschiedener Ablieferungen eines Kopfes genommen. Es handelt sich also hier im Gegensatz zur Gewichtsbestimmung jedes einzelnen Wickels am Ausbatteur um die Nummernbestimmung von Stichproben. Die Sortierwerte werden in Streckenband-Kontrollkarten eingetragen. Die Abbildungen 3 bis 6 zeigen solche Kontrollkarten, in welche die Sortierwerte der Faserbänder eines Kopfes der Endstrecke zeitabhängig eingetragen sind. Für die gemeinsam sortierten beiden Bänder der Endstrecke mit Doppelbandausgang ist für die Nummer (Nm 0,20) des Doppelbandes ein Toleranzbereich von $\pm$ 0,004 zugelassen. Fallen bei der in der Produktion üblichen Sortierung mindestens zwei der jeweils drei ermittelten Werte aus den Toleranzgrenzen heraus, so wird sofort durch die Sortiererin nochmals an drei beliebigen Ablieferungen der Endstrecke nachsortiert und nur dieses Ergebnis in die

Tabelle 2

Wickelprüfung durch Wiegen: CB(L)

Datum	Batteur-nummer	$\bar{x}$ [kg] aus je 100 Wickeln	CB(44,5) [%]
28.4.56	2	15,66	0,59
	3	15,60	0,51
12.5.56	2	15,61	0,45
2.6.56	1	15,62	0,58
9.6.56	2	15,67	0,58
	3	15,69	0,51
23.6.56	1	15,66	0,58
	2	15,65	0,58
	3	15,65	0,51
30.6.56	2	15,63	0,51
	3	15,62	0,58
7.7.56	3	15,64	0,51
14.7.56	1	15,66	0,56
	3	15,63	0,50

Tabelle 3

Kapazitive Wickelprüfung: CV(L)

Datum	Batteur-nummer	$\bar{x}$ [kg] aus je einem Wickel	CV(44,5) [%], ermittelt aus den Spannungswerten am kapazitiven Wickelprüfgerät
28.3.56	1	15,6	6,5
	2	15,5	6,5
	3	15,4	8,1
12.4.56	1	15,7	7,4
	2	15,8	6,7
	3	15,8	9,2
26.4.56	2	15,8	6,1
	3	15,7	9,0
24.5.56	1	15,8	7,1
	2	15,7	6,2
1.6.56	1	15,6	7,6
	2	15,4	6,9
	3	15,4	9,7
7.6.56	1	15,7	7,1
	1	15,6	6,7
	2	15,5	10,8
	3	15,4	10,6
12.6.56	1	15,5	7,1
	3	15,8	6,7

Streckenband-Kontrollkarte eingetragen. Fallen hiervon wieder wenigstens zwei Werte heraus, so schreibt die Sortiererin eine Meldung, auf Grund derer der Schichtmeister noch zusätzlich eine Nachsortierung unter denselben Bedingungen vornimmt. Erst wenn seine Ergebnisse mit den vorher ermittelten übereinstimmen oder schlechter sind, wird ein Nummernwechsel vorgenommen. Zweck der Nachsortierungen ist es also, einen vorzeitigen Nummernwechsel auf Grund zufälliger kurzzeitiger Nummernabweichungen zu vermeiden, so daß nur über Stunden und Tage gehende Nummernschwankungen abgefangen werden. Kurzzeitige Nummernschwankungen nimmt man in Kauf.

Aus den Abbildungen 3 bis 6 ist zu ersehen, daß die Zähnezahlen des jeweilig vorgenommenen Nummernwechsels in den Streckenband-Kontrollkarten vermerkt sind. Durchblättert man die Kontrollkarten einer Streckerei, so ist zu erkennen, daß die Nummernwechsel nicht kurzzeitig, sondern meist über längere Zeiträume (Tage, Wochen) vorgenommen worden sind. Die langwelligen Nummernabweichungen haben Perioden, so daß es nach einer geraumen Zeit oft nötig wird, das gewechselte Rad gegen das ursprüngliche auszutauschen, das heißt, die Nummernschwankungen sind rückläufig.

An dieser Stelle soll noch kurz auf die Toleranzen eingegangen werden. Sie sind Erfahrungswerte, die entweder statistisch in erster Näherung aus dem Streuband einer 3 m Sortierung oder eines kapazitiv gewonnenen Massediagramms oder mit Hilfe der Nummernwechselräder ermittelt werden können.

Für die statistische Ermittlung nimmt man unter Beachtung der oben angegebenen Entnahmebedingungen eine Zeitlang Sortierungen vor. Diese trägt man in eine Sortierkarte (ohne Toleranzgrenzen) ein. Dabei wird eine genügend große Anzahl von mindestens 75 Sortierwerten ermittelt. Außerdem müssen die aus der Sortierkarte ersichtlichen Werte des Kollektivs einer Zufallsverteilung mit einer Streuung um etwa ein und denselben Mittelwert genügen, das heißt, es darf kein mehr als zufälliger Sprung des jeweiligen Mittelwertes, wie er beispielsweise durch einen Nummernwechsel verursacht wird, auftreten. Wenn diese beiden Bedingungen erfüllt sind, werden aus dem Häufigkeitsdiagramm der Sortierwerte die 95-%-Grenzen als Toleranzgrenzen festgelegt. Diese gelten ihrer Herkunft nach nur für die 3-m-Sortierung und für die vorbestimmten Entnahmebedingungen. Für andere Vereinbarungen oder andere Produktionsmethoden können sich andere Toleranzgrenzen ergeben. So weisen z.B. größere Sortierlängen nach der Längenvariations-

Forschungsberichte des Wirtschafts- und Verkehrsministeriums Nordrhein-Westfalen

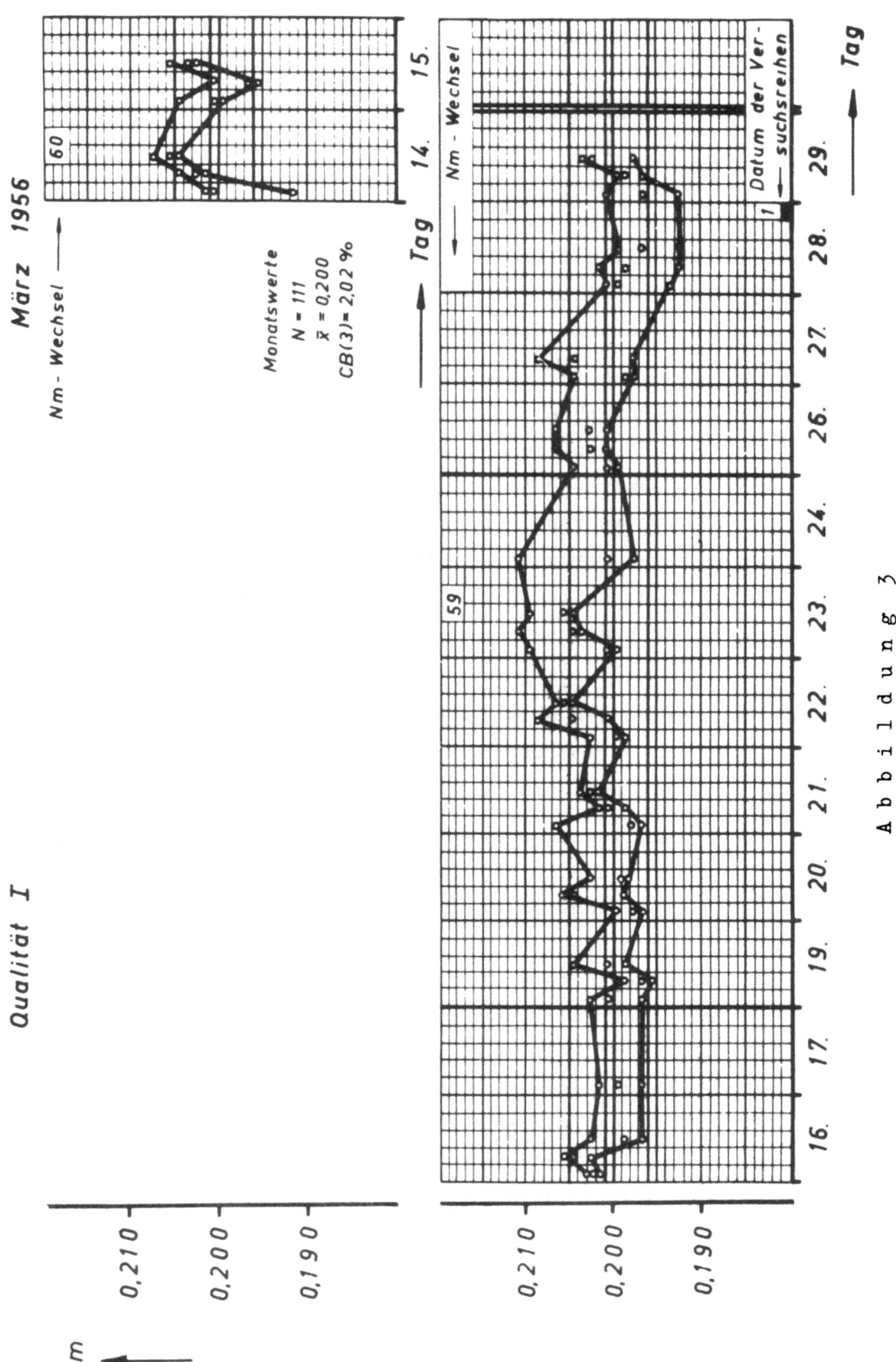

Abbildung 3

Streckenband-Kontrollkarten für einen Kopf der Endstrecke mit den eingetragenen 3-m-Sortierwerten, den jeweiligen Zähnezahlen der Nummerwechselräder und der Monatsabrechnung

Forschungsberichte des Wirtschafts- und Verkehrsministeriums Nordrhein-Westfalen

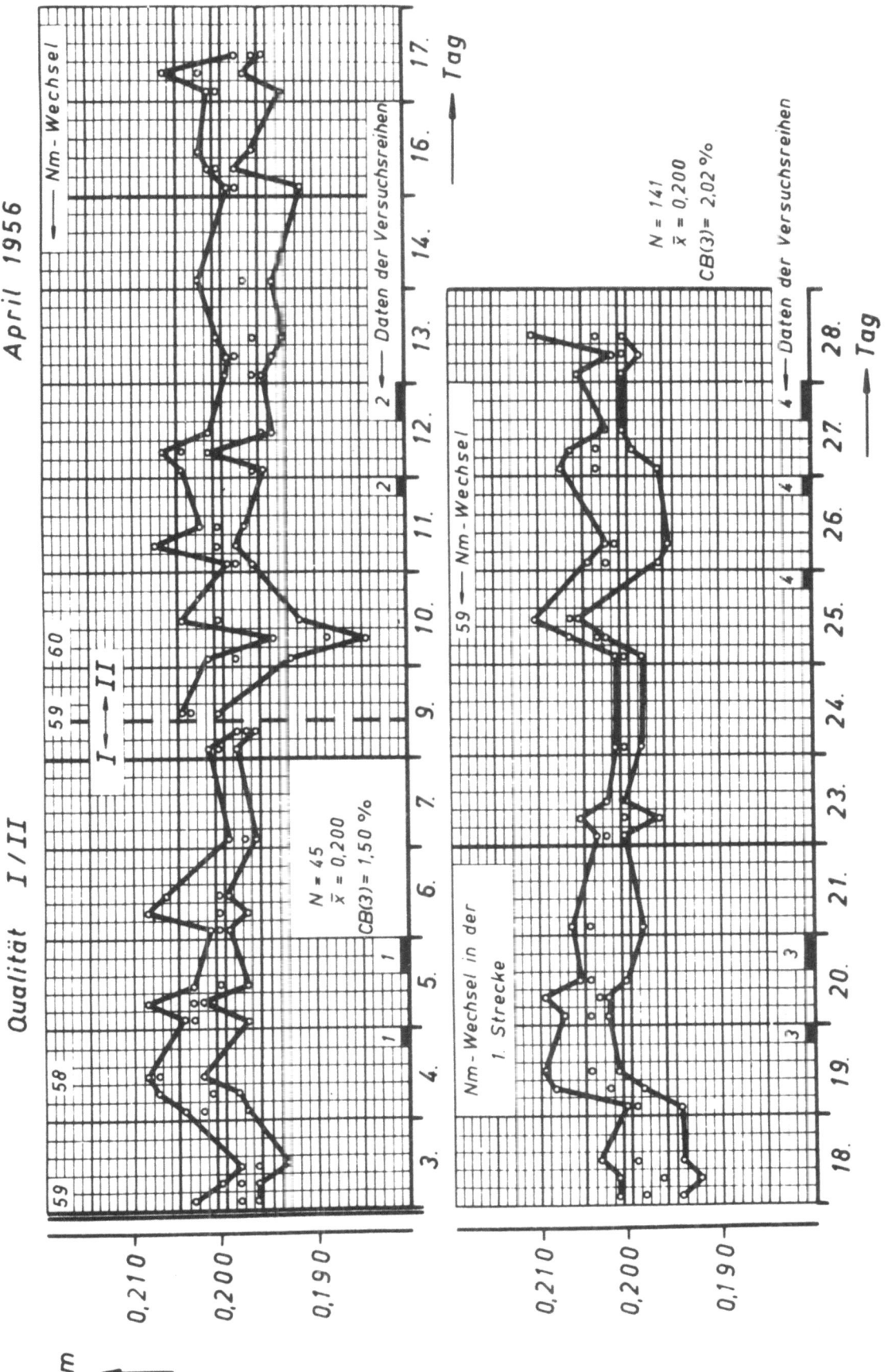

Abbildung 4

Streckenband-Kontrollkarten für einen Kopf der Endstrecke mit den eingetragenen 3-m-Sortierwerten, den jeweiligen Zähnezahlen der Nummerwechselräder und der Monatsabrechnung

Forschungsberichte des Wirtschafts- und Verkehrsministeriums Nordrhein-Westfalen

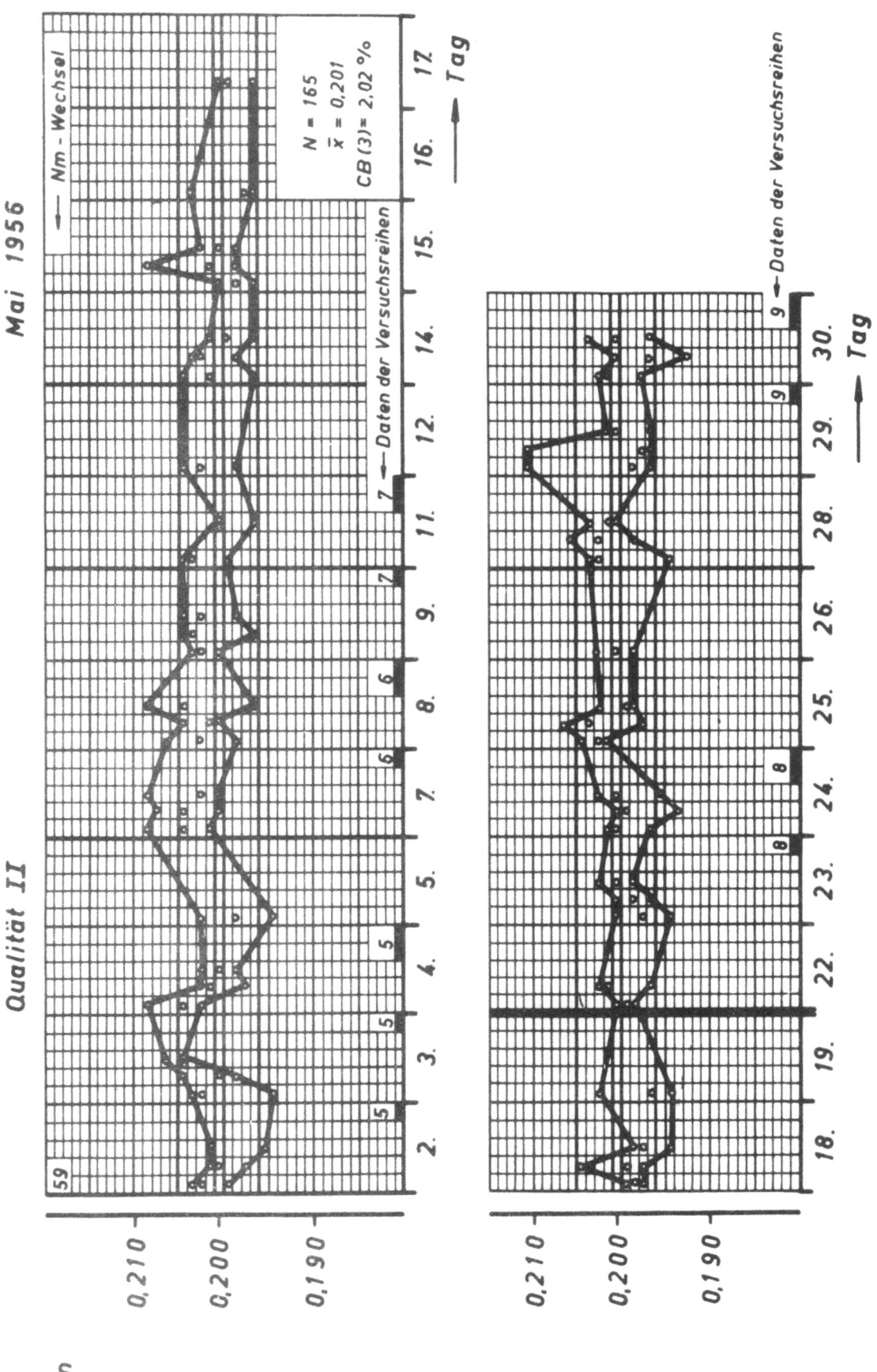

Abbildung 5

Streckenband-Kontrollkarte für einen Kopf der Endstrecke mit den eingetragenen 3-m-Sortierwerten, den jeweiligen Zähnezahlen der Nummerwechselräder und der Monatsabrechnung

Forschungsberichte des Wirtschafts- und Verkehrsministeriums Nordrhein-Westfalen

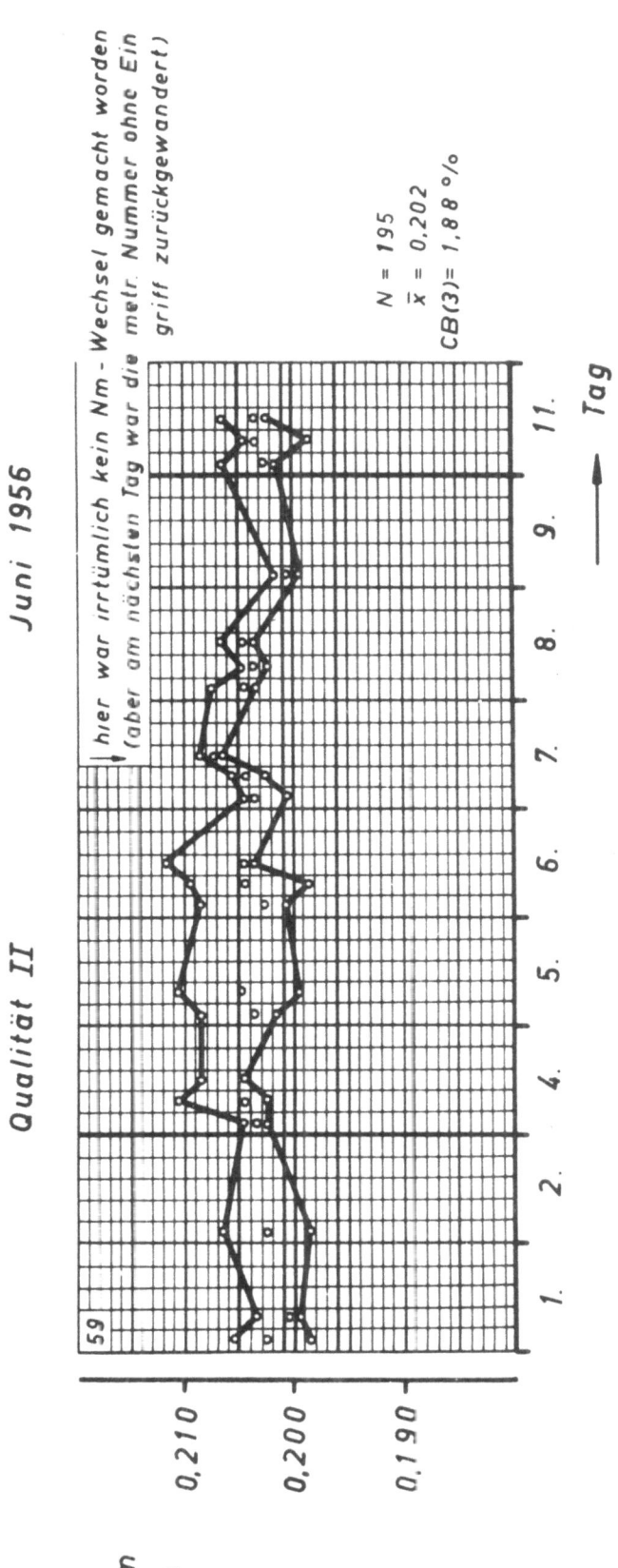

Abbildung 6

Streckenband-Kontrollkarten für einen Kopf der Endstrecke mit den eingetragenen 3-m-Sortierwerten, den jeweiligen Zähnezahlen der Nummernwechselräder und der Monatsabrechnung

charakteristik des zu prüfenden Bandes bzw. Wickelvlieses kleinere Toleranzgrenzen auf.

Die Breite des Streubandes eines kapazitiv gewonnenen Massediagrammes erlaubt ebenfalls einen Rückschluß auf die richtige Wahl der statistisch vorbestimmten Toleranzgrenzen. Wie die Abbildung 11 zeigt, ersieht man aus den Endstrecken-Diagrammen, daß die Breite der Streubänder etwa dem eingezeichneten Toleranzbereich entspricht. Wenn man den Schwankungsbereich über größere Bandlängen von etwa 100 m an verfolgt, so gewinnt man den Eindruck, daß nicht der gesamte Schwankungsbereich durch die festgelegten Toleranzgrenzen erfaßt wird (Abb. 11). Die Grenzen scheinen zu eng zu sein. Zu berücksichtigen ist hierbei jedoch, wie schon erwähnt, daß ein Nummernwechsel in der Produktion nur dann vorgenommen wird, wenn wenigstens zwei der drei gleichzeitig sortierten Werte aus dem Toleranzbereich herausfallen, und auch dann erst, wenn drei weitere nacheinander vorgenommene Sortierungen dieses Ergebnis oder ein noch schlechteres bestätigen. Diese Sicherung soll bewirken, daß durch den Nummernwechsel nur die langwelligen Nummernschwankungen abgefangen werden. Für die Bestimmung der Toleranzgrenzen auf Grund rein statistischer Überlegungen sind diese Sortierungsvorschriften aber nicht mit berücksichtigt worden. Bei ihrer Einbeziehung würden sie jedoch einen kleineren Toleranzbereich und damit eine schärfere Abgrenzung ergeben. Aus dem Vergleich der auf Grund praktischer Erfahrungen festgelegten Toleranzgrenzen mit den statistisch aus dem Massediagramm ermittelten ergibt sich hier ein für die Produktion brauchbarer Toleranzbereich.

Die Toleranzgrenzen der Endstrecke müssen noch eine weitere Bedingung erfüllen. Überschreitet ein Sortierwert gerade die Toleranzgrenze, so muß nach vollzogenem Nummernwechsel um einen Zahn die Nummer etwa wieder in die Mitte des Toleranzbereiches gelangen. Deshalb ist unabhängig von der statistischen Festlegung der halbe Toleranzbereich so groß zu wählen, daß diesen Anforderungen entsprochen wird. Das kann man bei modernen Strecken leichter erreichen, da die Nummerwechselräder größere Zähnezahlen als früher haben.

Zusammenfassend ist hinsichtlich der Weite des Toleranzbereiches zu sagen, daß ein weiter Toleranzbereich bei einmaliger Sortierung einem engen Toleranzbereich nach den erschwerten Sortierungsvorschriften (mehrmalige nacheinander vorgenommene Sortierung) entspricht. Die letzte Methode hat, wie schon erwähnt, den Vorteil, daß man nicht vorzeitig einen Nummernwechsel vornimmt, sondern daß wirklich echte langwellige Schwankungen (Nummernschwankungen) erfaßt werden und nicht solche, die nur kurzzeitig auftreten.

Weiterhin ist zu sagen, daß die Kardenablieferung und die der 1. und der 2. Strecke im allgemeinen nicht auf Nummernhaltung kontrolliert werden. Für die hier anfallenden Faserbänder Toleranzgrenzen anzugeben, ist zwar nach der Art, wie bei der Endstrecke beschrieben, möglich, hat aber keinen Sinn, weil hier normalerweise kein Nummernwechsel vorgenommen wird. Man nimmt nur bestimmte Fertigungsstellen unter Kontrolle, um keine unnötige Unruhe in den Betrieb zu bringen.

Die üblichen Nummernsortierungen werden durch Ablängen mit der Sortierrolle und Auswiegen mit der Nummernwaage vorgenommen. Es ist für Endstreckenbänder die 3-m-Sortierung eingeführt. Letztere ist jedoch nicht ideal. Deshalb stellen die Verfasser folgendes Verfahren zur Diskussion: Es soll für die Nummernbestimmung die Länge des Faserbandes einer gefüllten Kanne mit Hilfe des an der Endstrecke angebrachten Meterzählers festgestellt werden. Zwecks Ermittlung des Faserbandgewichtes ist die Kanne mit dem Kanneninhalt (brutto) zu wiegen und hiervon die leere Kanne (tara) in Abzug zu bringen. Die Taragewichte können auf die Kannen geschrieben werden, wobei diese von Zeit zu Zeit zu überprüfen sind.

Diese Methode hat gegenüber den bislang üblichen Verfahren den Vorteil, daß sie ohne den bisher notwendigen Materialverlust und mit geringerem Zeitaufwand durchgeführt werden kann und zudem noch alle kurzwelligen Schwankungen bei der Nummernkontrolle eliminiert werden, so daß man in der Erfassung der langwelligen Schwankungen ein besseres Bild als bei den 3-m-Sortierungen erhält. Bei einwandfreier Entnahme für die 3-m-Sortierung sollten die verwendeten Bandstücke stets drei beliebigen vollen Kannen eines abliefernden Kopfes entnommen werden, damit in der zeitlichen Aufeinanderfolge der erfaßten Sortierwerte zwischen der bisher üblichen 3-m-Sortierung und der Sortierung unter Verwendung eines Kanneninhaltes kein Zeitunterschied entsteht. Die Verwendung von Sortierlängen, die einer vollen Kanne entsprechen, ergibt allerdings keine Relation mehr zu den üblichen Garnsortierungen von 100 m und der Sortierlänge des Endstreckenbandes von einigen Metern.

IV. Die Nummernkontrolle auf kapazitivem Wege

In den letzten Jahren finden in den Spinnereien kapazitive Gleichmäßigkeitsprüfgeräte vornehmlich zur Bestimmung kurzwelliger Ungleichmäßigkeiten Verwendung. Sie haben den Vorteil, daß bei laufender Produktion gemessen werden kann. Obgleich die Geräte hauptsächlich für die Bestimmung kurzwelliger Ungleichmäßigkeiten geeignet sind, soll hier doch versucht werden, damit auch die langwelligen Ungleichmäßigkeiten (Nummernschwankungen) der Bänder nach jeder Streckpassage festzustellen. Allerdings ergeben die Diagramme Werte, die nicht den Nummern, sondern den Metergewichten proportional sind. Diesen kann man jedoch mit rechnerischen oder graphischen Verfahren Nummernwerte zuordnen. Da die Maßstäbe von einem Diagramm zum anderen abweichen, ist diese Methode zwar umständlich, jedoch wird der Fertigung kein Material entzogen, und es erübrigt sich ein Schneiden der Bänder.

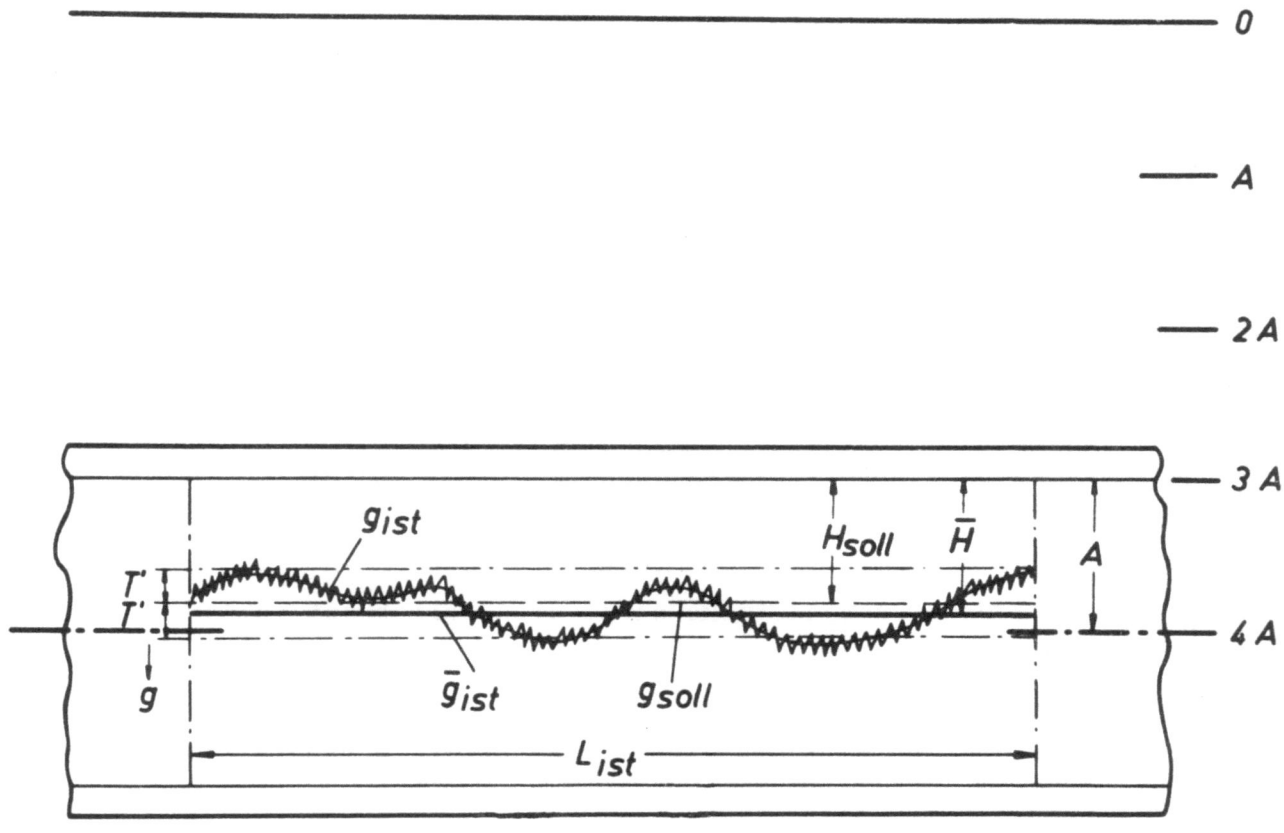

Abbildung 7

Idealisiertes Massediagramm mit in senkrechter Richtung zur Diagrammlaufrichtung eingetragenen Eichwerten für 25 % Empfindlichkeit

(Arbeiten mit ausgewandertem Nullpunkt)

Da für die Versuche ein Textronograph mit einem AEG-Schreibgerät zur Verfügung stand, soll die Nummernkontrolle auf kapazitivem Wege an Hand dieses Gerätes gezeigt werden, wobei gleichzeitig die für die Versuche verwendete Geräteeinstellung Berücksichtigung findet. Die Abbildung 7 zeigt ein idealisiertes Massediagramm. Aus diesem sind die einzelnen für die Eichung notwendigen Angaben zu ersehen. Die über eine bestimmte Materiallauflänge L_{ist} gehenden Diagramme wurden planimetriert. Aus den so ermittelten Flächen F und aus L_{ist} ergab sich als mittlere Diagrammhöhe $\bar{H} = \bar{F} / L_{ist}$. Unter Zuhilfenahme des Nettogewichts G_N des Bandes läßt sich dann der Höhe $\bar{H}$ das mittlere Metergewicht $\bar{g}_{ist} = \bar{G}_N / L_{ist}$ zuordnen. Die Bestimmung des Nettogewichtes G_N erfolgte durch Auswiegen der mit dem Faserband gefüllten Kanne als Bruttogewicht, vermindert um das Kannengewicht als Tara.

Da eine Empfindlichkeit von 100 % besonders in den letzten Passagen zu geringe Ausschläge ergeben hätte, wurden mit dem Textronographen die einzelnen Faserbänder bei einer Empfindlichkeit des Gerätes von 25 % geprüft, wobei mit ausgewandertem Nullpunkt (elektrische Hilfsmeßspannung) gearbeitet wurde. Der dadurch entstehende Nachteil, daß der eingestellte Nullpunkt nicht mehr mit dem Diagrammrand zusammenfällt und außerhalb des Papieres liegt, muß in Kauf genommen werden. Bei 25 % Empfindlichkeit ergibt sich dann eine Nullinie, die stets um den Betrag 4 A von der Papierstreifenmitte entfernt liegt, wenn man mit A die halbe linierte Papierstreifenseite bezeichnet. Bei den ersten Metern jeder Diagrammaufnahme ist man bestrebt, mit Hilfe der Nachregulierung am Gleitregler den aufzunehmenden Linienzug auf die Mittellinie des Papierstreifens zu bringen. Das ist dann als gelungen zu betrachten, wenn die nach der Diagrammaufnahme ermittelte mittlere Diagrammhöhe $\bar{H}$, welcher der $\bar{g}_{ist}$-Wert zugeordnet ist, sich mit der Papierstreifenmittellinie deckt. Nur dann kommt der Papierstreifenmittellinie selbst auch der $\bar{g}_{ist}$-Wert zu. Meistens fällt aber die mittlere Diagrammhöhe nicht auf die Papierstreifenmittellinie. Dann liegt der $\bar{H}$-Wert mit seinem zugehörigen $\bar{g}_{ist}$-Wert außerhalb der Papiermittellinie, so daß nunmehr diese Entfernung von der Nullinie maßgebend für die Maßstabsermittlung der Gewichte pro laufendem Meter ist.

Die Maßstabsauftragung geschieht nach der Maßstabsermittlung durch lineare Aufteilung der Entfernung zwischen der konstanten Nullinie und der $\bar{g}_{ist}$-Linie. Diese numerische Bezeichnung in g/m ist jedoch hier ohne Bedeutung.

Auf Grund dieser Gegebenheiten ändert sich natürlich der Maßstab für die Gewichte pro laufendem Meter von Diagramm zu Diagramm.

Der Maßstab M_G für die laufenden Metergewichte in senkrechter Richtung zum Diagrammtransport ergibt sich als Größengleichung zu

$$M_G = \frac{3A + \bar{H}}{\bar{g}_{ist}}$$

und als zugeschnittene Größengleichung zu

$$\frac{M_G}{\frac{mm}{0,1\frac{g}{m}}} = \frac{\frac{3A + \bar{H}}{mm}}{\frac{\bar{g}_{ist}}{0,1\frac{g}{m}}} = \frac{\frac{3A + \bar{H}}{0,1\ cm}}{\frac{\bar{g}_{ist}}{0,1\frac{g}{m}}} = \frac{\frac{3A + \bar{H}}{cm}}{\frac{\bar{g}_{ist}}{\frac{g}{m}}}$$

Bedeutung kommt ferner dem mittleren Sollgewicht je Meter g_{soll} im Diagramm zu. Seine Entfernung vom oberen Diagrammrand ist gegeben durch

$$H_{soll} = g_{soll} \cdot M_G - 3A \quad \text{oder}$$

$$\frac{H_{soll}}{cm} = \frac{g_{soll}}{0,1\frac{g}{m}} \cdot \frac{M_G}{\frac{cm}{0,1\frac{g}{m}}} - \frac{3A}{cm} = \frac{g_{soll}}{\frac{g}{m}} \cdot \frac{M_G}{\frac{mm}{0,1\frac{g}{m}}} - \frac{3A}{cm}$$

Bei allen Versuchen sind für die Endstreckennummer $Nm_{soll} = 0{,}40$ die Toleranzen zu $\pm 0{,}008$ festgesetzt worden, so daß die obere Toleranzgrenze bei der Nm 0,408 und die untere Toleranzgrenze bei der Nm 0,392 liegt. Das entspricht für die untere Toleranzgrenze dem Metergewicht $g = 2{,}451$ g/m und für die obere Toleranzgrenze dem Metergewicht $g = 2{,}551$ g/m oder als toleriertes Metergewicht $g_{soll} = (2{,}5 \genfrac{}{}{0pt}{}{+\ 0{,}051}{-\ 0{,}049})$.

Der in der Abbildung 7 des Diagrammes in Millimetern aufzutragende Abstand T' entspricht den in Gewichten pro Meter ausgedrückten Toleranzen T vom Sollgewicht pro Meter und beträgt

$$\frac{T'}{mm} = \frac{T}{0,1\frac{g}{m}} \cdot \frac{M_G}{\frac{mm}{0,1\frac{g}{m}}} = 10 \cdot \frac{T}{\frac{g}{m}} \cdot \frac{M_G}{\frac{mm}{0,1\frac{g}{m}}}$$

Um einander zugeordnete Längen (korrespondierende Längen) von Karden- und Streckenbändern miteinander vergleichen zu können, ist auch eine Eichung der Diagramme in der Diagrammlaufrichtung erforderlich.

Als Maßstab für diese Materiallauflänge ergibt sich mit

v_{Ma} = Materialgeschwindigkeit beim Durchlauf durch den Meßkondensator (Liefergeschwindigkeit der Maschine)

v_{Di} = Diagrammgeschwindigkeit am Schreiber

$$M_{Ma} = \frac{v_{Di}}{v_{Ma}}$$

$$\frac{M_{Ma}}{\frac{mm}{100\ m}} = \frac{\frac{v_{Di}}{\frac{mm}{min}}}{\frac{v_{Ma}}{100\ \frac{m}{min}}} = 100\ \frac{\frac{v_{Di}}{\frac{mm}{min}}}{\frac{v_{Ma}}{\frac{m}{min}}} \tag{1}$$

Es sei nun

$$M_{Ma_1} = v_{Ma_1} / v_{Di_1} \tag{2}$$

der Diagramm-Maßstab für die Maschine 1,

$$M_{Ma_2} = v_{Ma_2} / v_{Di_2} \tag{3}$$

der Diagramm-Maßstab für die darauffolgende Maschine 2 und V_2 der Verzug der Maschine 2.

Dann besteht dafür, daß korrespondierende Längen auf dem Diagramm vorliegen, unter Berücksichtigung des Verzuges V_2 die Bedingungsgleichung

$$M_{Ma_2} = \frac{M_{Ma_1}}{V_2} \tag{4}$$

Bei Verwendung der Gleichungen (2) und (3) wird daraus

$$\frac{v_{Ma_2}}{v_{Di_2}} = \frac{v_{Ma_1}}{v_{Di_1} \cdot V_2} \qquad (4a)$$

Hierin läßt sich eine der Größen frei wählen, entweder v_{Di_1} oder v_{Di_2}. Die anderen Werte sind durch die verwendeten Maschinen gegeben.

Für die Aufzeichnung der vorliegenden Kurvenzüge wurde - sofern nicht besonders vermerkt - die Diagrammgeschwindigkeit $v_{Di_1} = v_{Di_2} = 3$ mm/min gewählt, weil sie die übersichtlichsten Diagrammlängen ergab, obwohl eine bestmögliche Näherung an die Gleichung (4a) verschiedentlich auch andere Kombinationen erforderlich gemacht hätte.

Für $v_{Di_1} = v_{Di_2}$ besteht die Bedingungsgleichung (4a) nicht. In diesem Falle wird aus den Gleichungen (2) und (3)

$$\frac{M_{Ma_2}}{M_{Ma_1}} = \frac{v_{Ma_2}}{v_{Ma_1}}$$

Dieses Verhältnis bleibt unabhängig von der absoluten Höhe des Wertes v_{Di}. Hieraus oder direkt aus der Gleichung (1) lassen sich die Maßstäbe für die Materiallauflänge bestimmen.

Wie nicht anders zu erwarten war, korrespondieren, bedingt durch die Möglichkeiten der Aufnahmetechnik des Textronographen, die Diagrammlängen der einzelnen Passagen nicht miteinander, so daß ein unmittelbarer Vergleich der Ursprungsdiagramme hinsichtlich der Schwankungen der verschiedenen Faserbänder schwierig ist. Um dieses zu ermöglichen, wurden die zueinander gehörenden Bandlängen in Übereinstimmung miteinander gebracht (korrespondierende Längen). Das geschah, wie die Abbildungen 9 bis 11 für die 8. Versuchsreihe ausweisen, mit Hilfe des in der Abbildung 12 gezeigten Affinigraphen, der an dem Institut für Kraftfahrwesen der Rhein.-Westf. Technischen Hochschule Aachen gebaut wurde. Mit diesem Gerät kann man die Abszissenwerte aller Diagramme auf die gleiche Länge bringen, wobei die Ordinaten in der aufgenommenen Größe erhalten bleiben. Zu beachten war

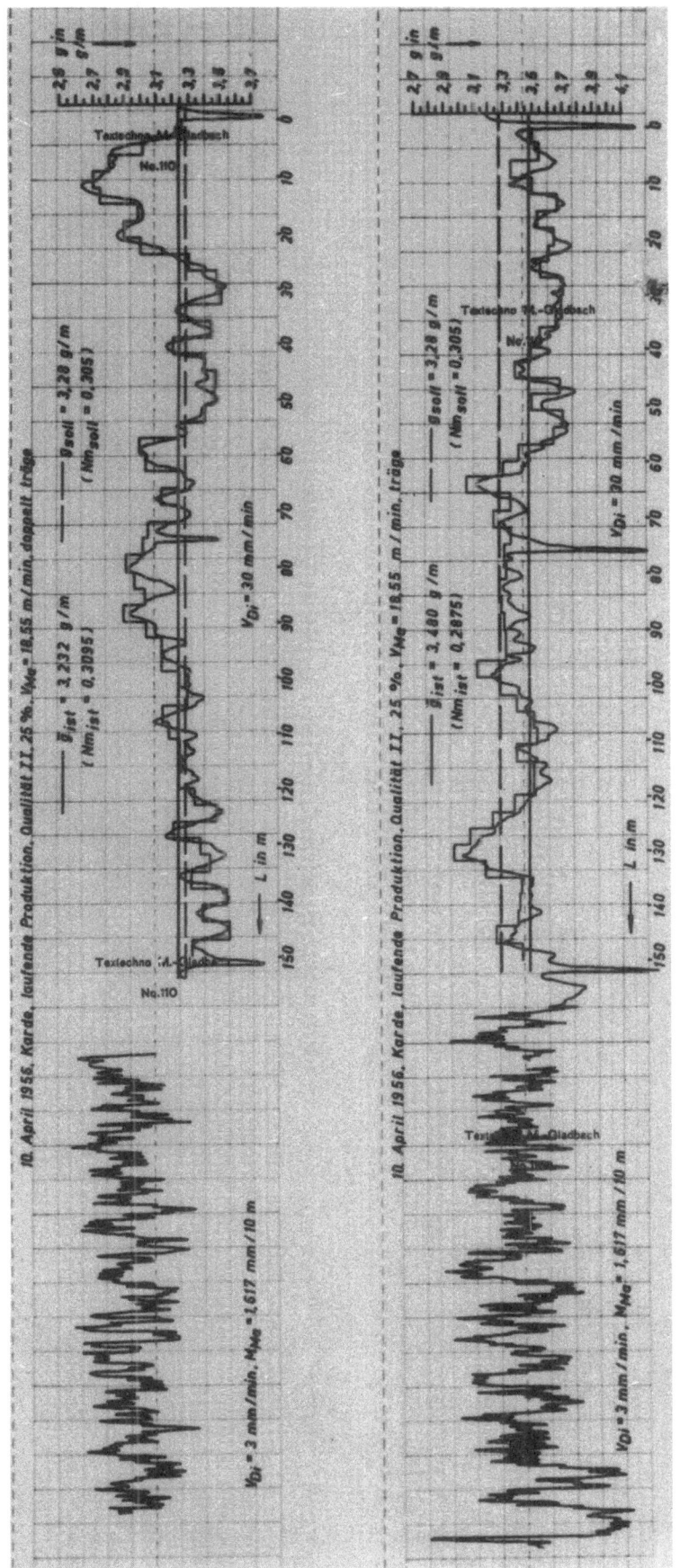

Abbildung 8

kapazitiv aufgenommene Kardenbanddiagramme bei 25 % Empfindlichkeit
a) mit "träger" Betriebsart, b) mit "doppelt träger" Betriebsart
(in die rechten Teile der Diagramme sind über die laufenden Diagrammwerte die durch Schneiden und Wägen ermittelten 3-m-Sortierwerte aufgetragen)

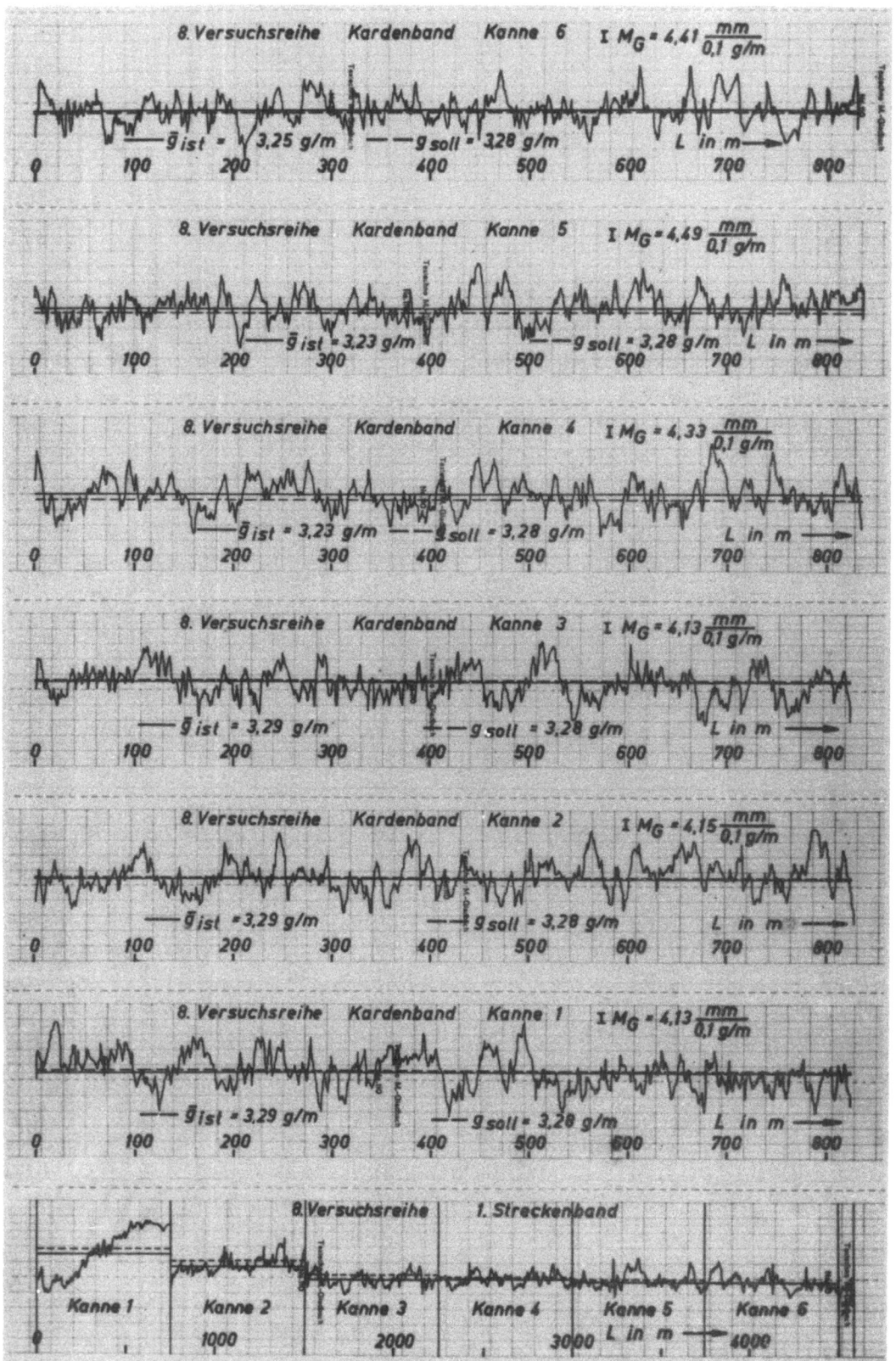

Abbildung 9
Diagramme der an der ersten Strecke vorgelegten
6 Kardenbänder und der daraus erhaltenen Faserbänder

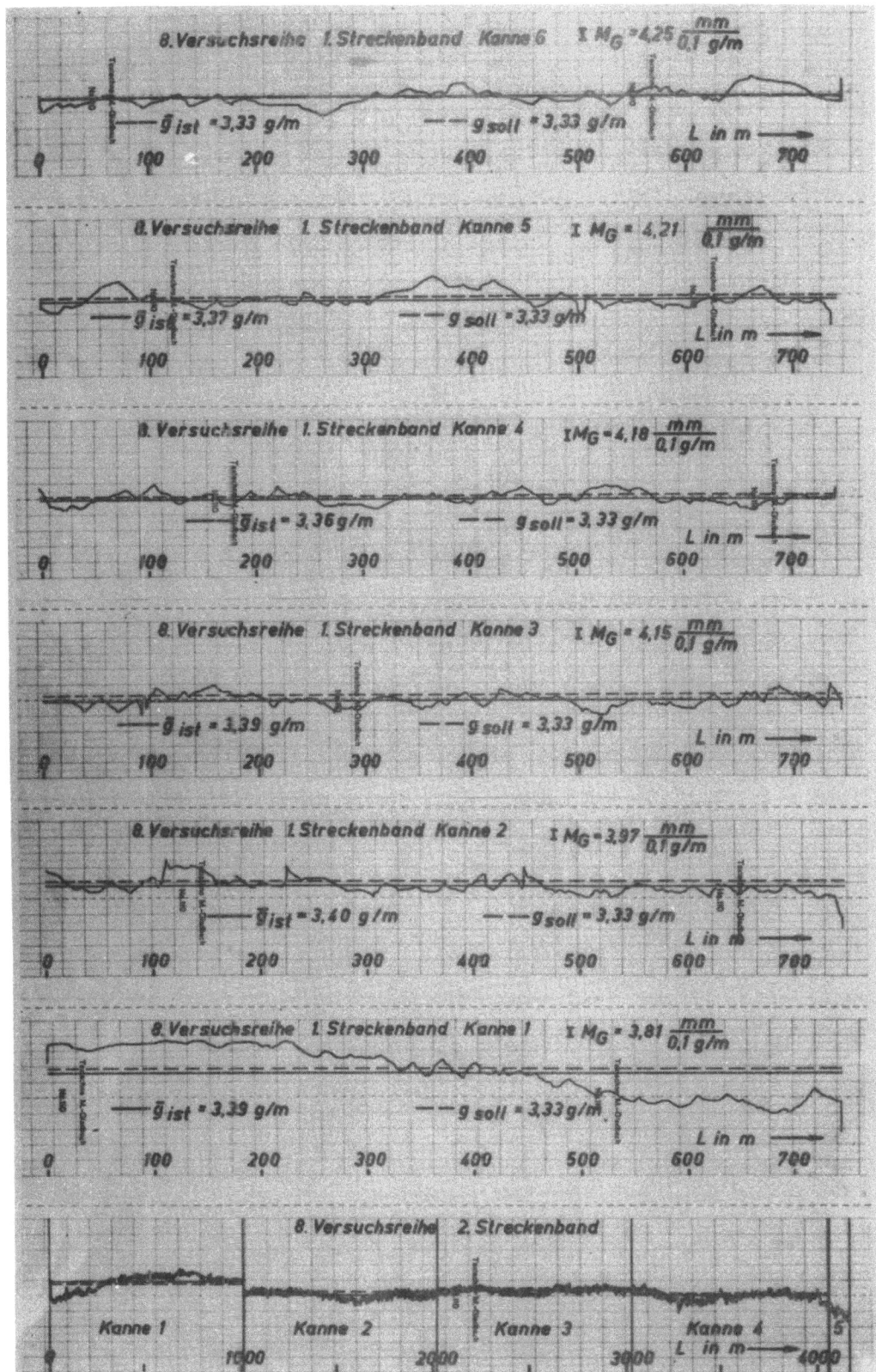

Abbildung 10

Diagramme der an der 2. Strecke vorgelegten 6 Bänder
der ersten Strecke und der daraus erhaltenen Faserbänder

Forschungsberichte des Wirtschafts- und Verkehrsministeriums Nordrhein-Westfalen

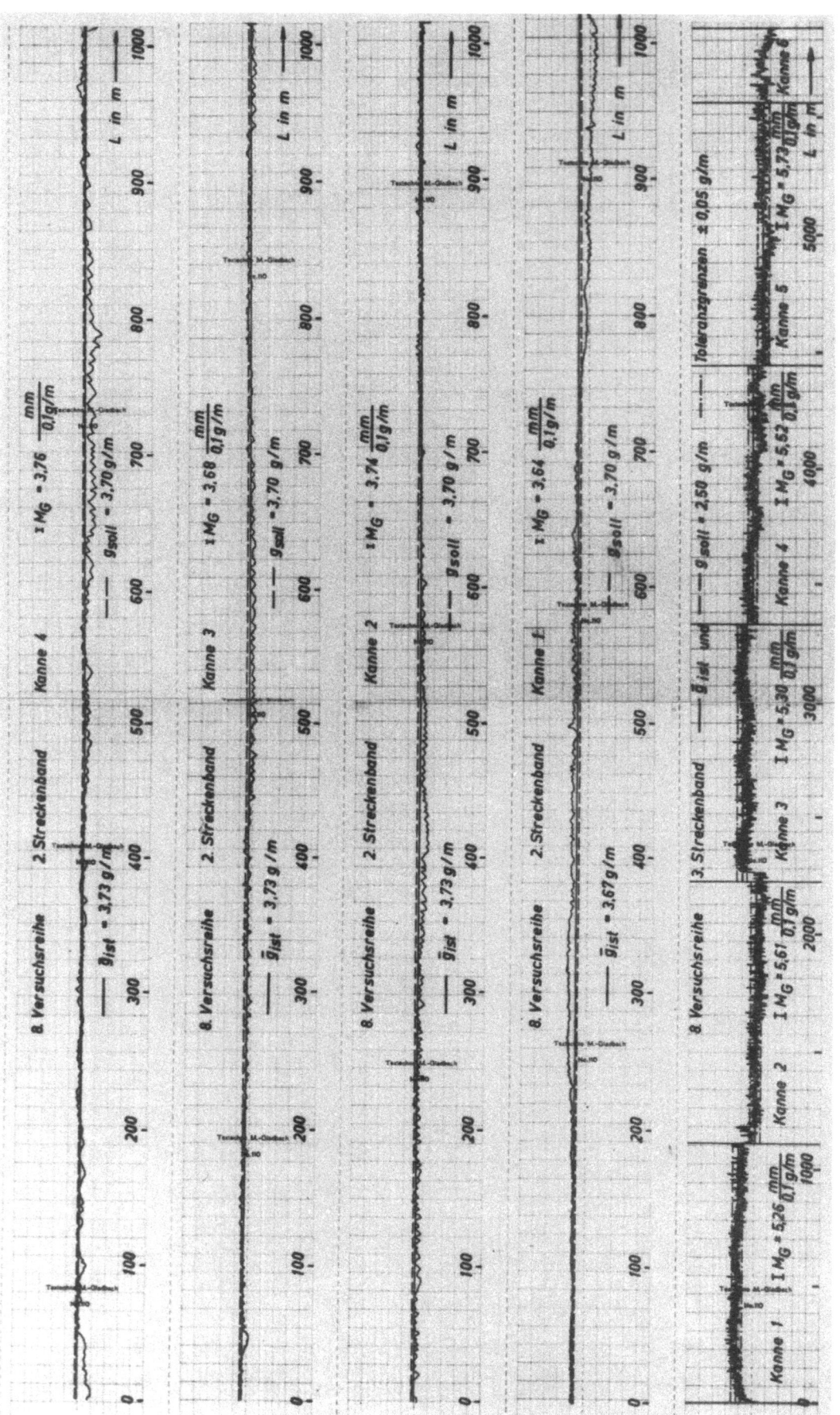

Abbildung 11

Diagramme der an der 3. Strecke vorgelegten 4 Bänder der zweiten Strecke und der daraus erhaltenen Faserbänder dabei, daß man mit Ausnahme des Kardenbanddiagramms die einzelnen Spiegelbilder der Ursprungsdiagramme aufeinander abstimmte, da anderenfalls, bedingt durch den Ein- und Auslauf der Faserbänder in die bzw. aus den Kannen, eine Zuordnung entsprechender Bandstücke nicht möglich gewesen wäre.

A b b i l d u n g 12
Affinigraph

V. Versuchsdurchführung, -auswertung und -ergebnisse

Was die Durchführung der Versuche betrifft, so sei an dieser Stelle noch einmal auf die Abbildung 1 hingewiesen, in der die schwarz ausgezogenen Positionen die benutzten Passagen darstellen, sowie auf den Spinnplan der Tabelle 1, der den Fertigungsgang bis zur 3. Strecke (Endstrecke) wiedergibt.

Die nacheinander in die Kannen gelieferten Karden- und Streckenbänder entstammten bei allen Versuchsreihen kontinuierlich abgezogenen Wickelstücken, wobei es sich infolge der Nullpunktkontrolle nicht vermeiden ließ, daß bei jedem Kannenwechsel etwa 50 m für die Aufzeichnung der zeitabhängigen Masseschwankung verlorengingen. Diesem Umstand ist bei der späteren Bewertung Rechnung zu tragen.

Es sollte versucht werden, ob sich die Schwankungen des Kardenbandes von zwei Metern Wellenlänge an aufwärts, die auf die entsprechenden Schwankungen des Wickelvlieses zurückzuführen sind, vom Kardenband bis zum Endstreckenband verfolgen lassen. Um eine Aussage über die Versuchsergebnisse machen zu können, war es erforderlich, neun Versuchsreihen zu fahren. Letzteren lagen die jeweils angekreuzten Wickel aus den in den Abbildungen 14 bis 16 auszugsweise wiedergegebenen Wickelgewichts-Kontrollkarten zugrunde. Für die Wickelgewichte ist eine bestimmte zulässige Toleranz vorgegeben. Bei den vorliegenden Untersuchungen beträgt sie $\pm$ 0,2 kg. Um den Einfluß dieser zugelassenen Wickelgewichtsschwankungen auf die Nummernschwankungen der Bänder festzustellen, wurde bei jeder Versuchsreihe von jeweils zwei gewichtsmäßig ausgesuchten Wickeln ausgegangen. Bei den Versuchsreihen 1, 2 und 6 gingen die Verfasser von zwei gerade zulässig zu schweren, bei den Versuchsreihen 3, 4 und 5 von zwei gerade zulässig zu leichten Wickeln, bei der Versuchsreihe 7 von zwei solchen mit etwa Sollgewicht und bei der Versuchsreihe 8 von einem gerade zulässig zu leichten und einem gerade zulässig zu schweren Wickel aus.

Bei der Versuchsreihe 9 handelt es sich um einen Sonderfall. Das in den Batteur einlaufende Wickelvlies wurde durch willkürliches Ausreißen von Teilen und Verpflanzung dieser Abrisse an andere Stellen sowie durch Falten in Längen bis zu etwa 50 cm bewußt sehr ungleichmäßig gemacht.

Es kommt darauf an, die Ursache des Überschreitens der Toleranzgrenzen an der Endstrecke festzustellen. Deshalb interessiert in erster Linie die Verfolgung der Schwankungen von zwei Metern Wellenlänge aufwärts, wie sie das vom Wickel angelegte Kardenband liefert, und nicht die der mehr oder weniger unter zwei Metern Wellenlänge liegenden Schwankungen, die noch zusätzlich von jeder Maschine den Faserbändern aufgedrückt werden können.

Bei dem Einfluß der Ungleichmäßigkeiten des Kardenbandes und damit des Wickelvlieses auf die Nummernschwankungen des Endstreckenbandes und den dadurch bedingten Nummernwechsel muß man außerdem unterscheiden zwischen

1. den Ungleichmäßigkeiten des Kardenbandes von etwa 2 bis 400 m Wellenlänge, die vom Wickelvlies herrühren und durch den Verzug von Passage zu Passage langwelliger werden,

2. den im Kardenband ausgebildeten langwelligen Ungleichmäßigkeiten, also den ausgesprochen langwelligen Nummernschwankungen

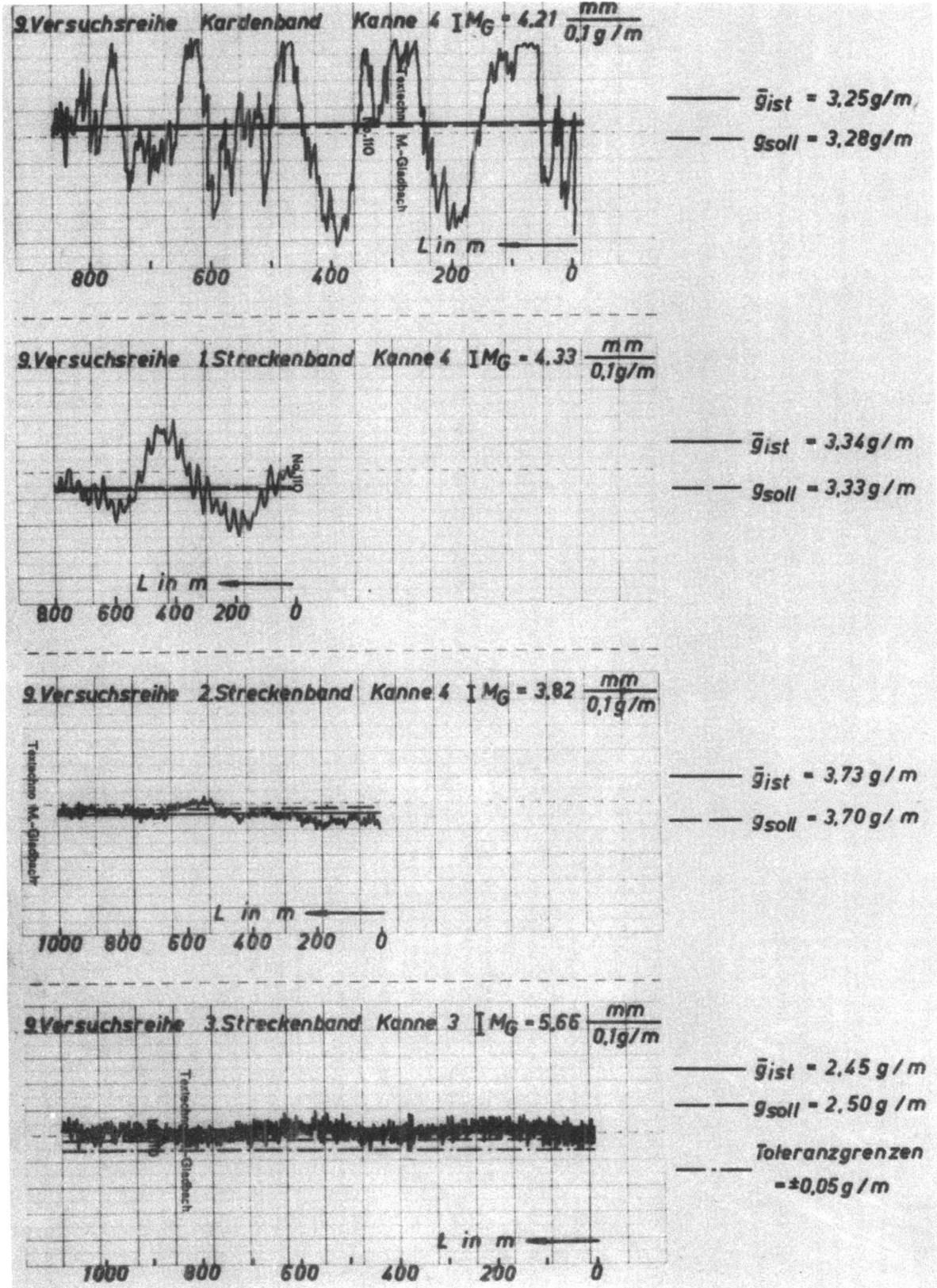

Abbildung 13

auszugsweise wiedergegebene Diagramme von einem Kardenband und von Bändern der ersten, zweiten und dritten Streckgänge

Forschungsberichte des Wirtschafts- und Verkehrsministeriums Nordrhein-Westfalen

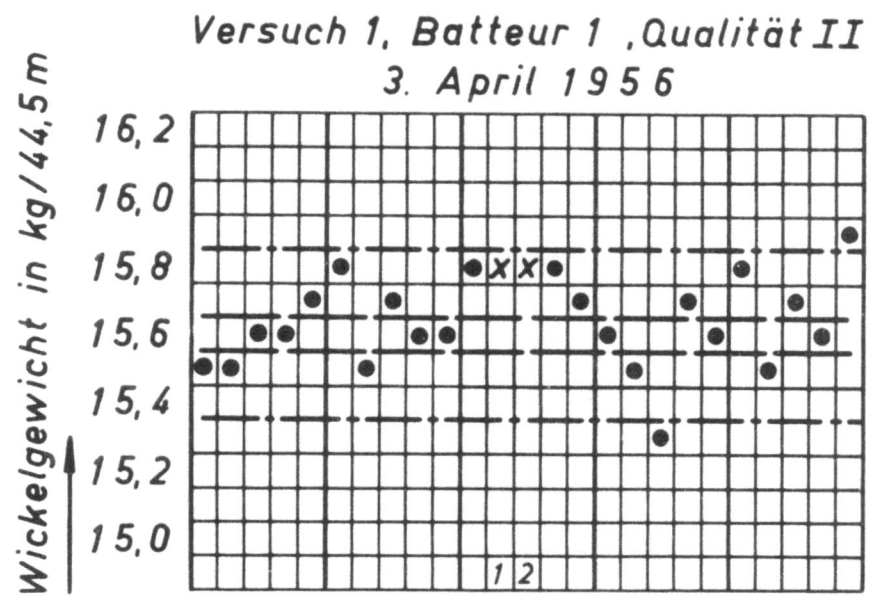

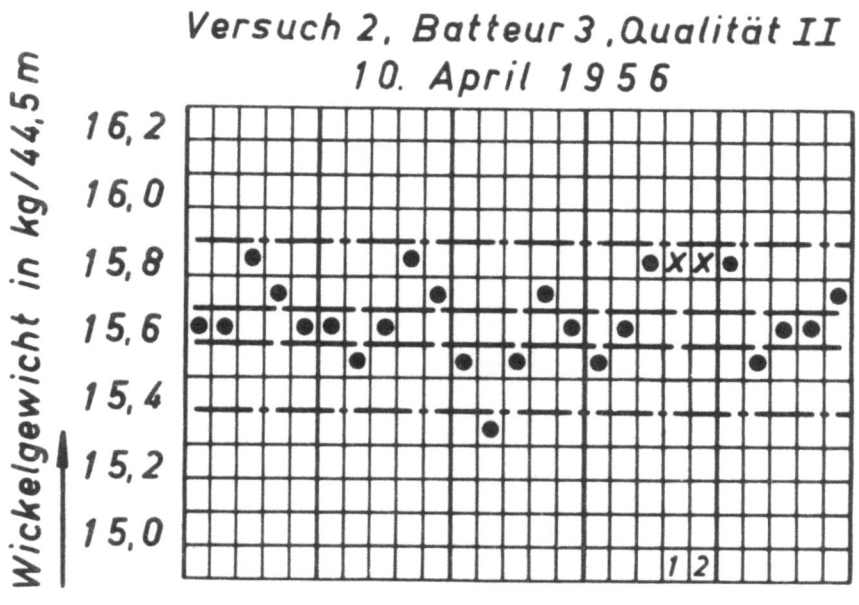

Abbildung 14

auszugsweise wiedergegebene Wickelgewichts-Kontrollkarten

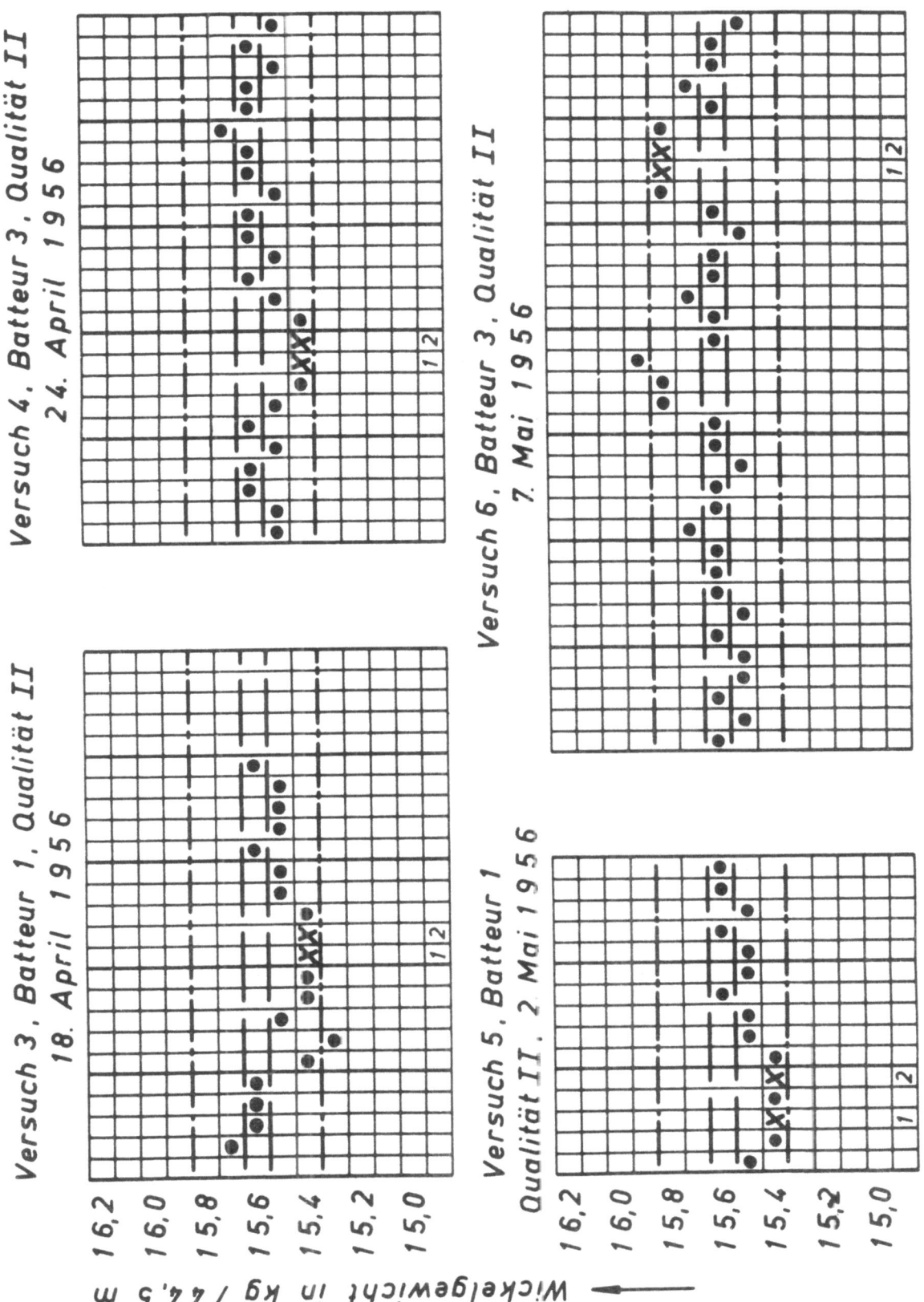

Abbildung 15 auszugsweise wiedergegebene Wickelgewichts-Kontrollkarten

Forschungsberichte des Wirtschafts- und Verkehrsministeriums Nordrhein-Westfalen

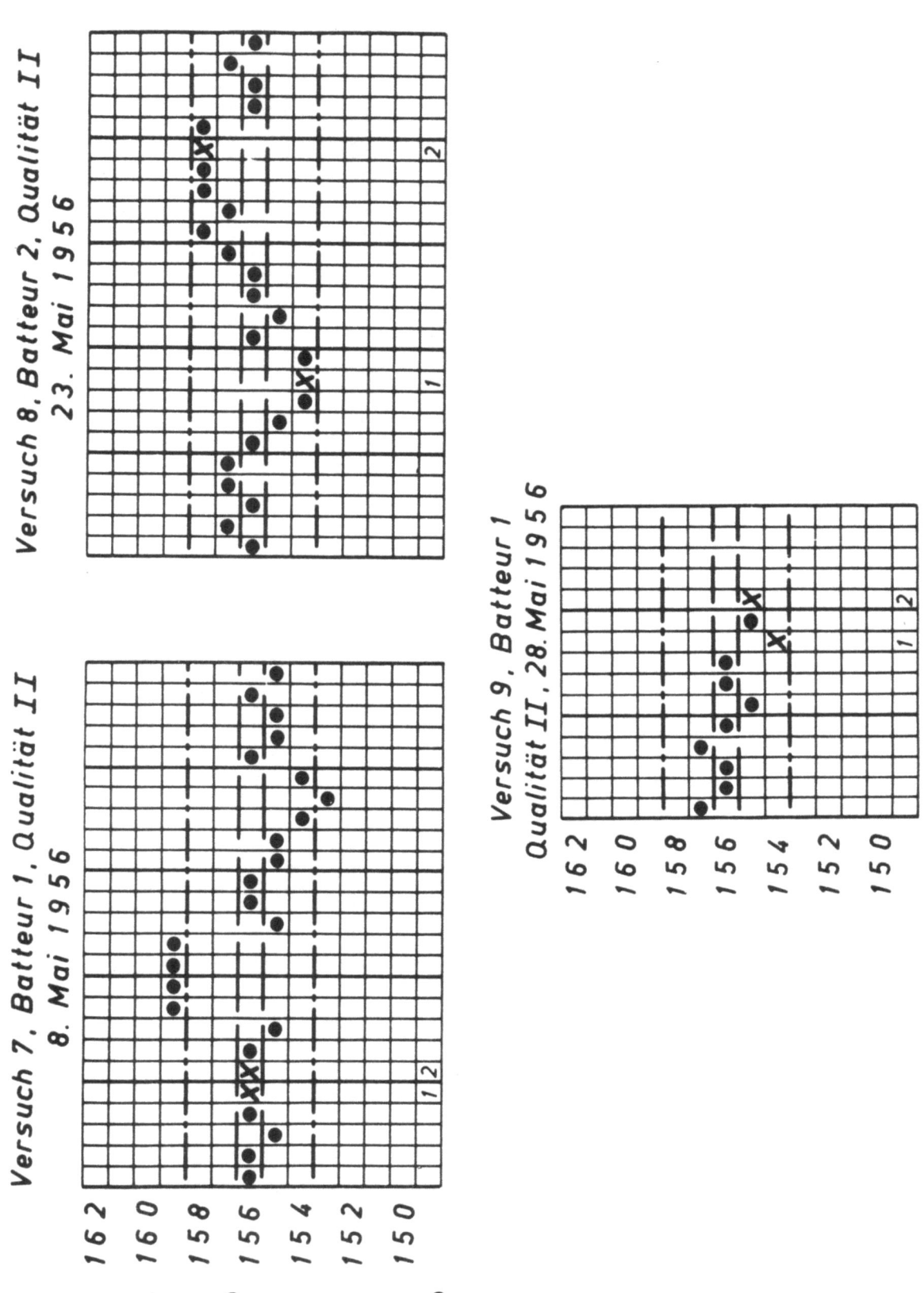

Abbildung 16
auszugsweise wiedergegebene Wickelgewichts-Kontrollkarten

des Kardenbandes, deren Wellenlängen größer als etwa 400 m
sind und die auch von entsprechenden Ungleichmäßigkeiten
des Wickelvlieses herrühren und durch den Verzug von Passage
zu Passage langwelliger werden.

Um diese in 1) und 2) genannten Ungleichmäßigkeiten von dem Kardenband
bis zum Endstreckenband zu verfolgen, wurden zwei Meßmethoden verwendet,

1. die kapazitive Nummernkontrolle,
2. die Kannensortierung.

Im Gegensatz zu den in der normalen Produktion üblichen Kontrollen wurden
für die Versuche sämtliche Passagen bis zur Endstrecke geprüft.

1. Die kapazitive Nummernkontrolle

Die von den Karden und Strecken gelieferten Bänder wurden an den Austrittsstellen der Maschinen kontinuierlich kapazitiv geprüft. Die Faserbänder
liefen alsdann in numerierte und gewogene Kannen. Die tatsächlichen Lauflängen, welche von Kanne zu Kanne um $\pm$ 0,5 % schwankten, wurden mit Hilfe
von Meterzählern, die sich jeweils an den unteren Lieferzylindern der
Maschinen befanden, gemessen. Aus den Lauflängen und den Kannennettogewichten ergaben sich für die Faserbänder eine metrische Nummer Nm_{ist}
und ein Kannendurchschnitts-Metergewicht $\bar{g}_{ist}$, mit deren Hilfe eine
Eichung der aufgenommenen Diagramme möglich war.

Um die Schwankungen unter etwa zwei Metern Wellenlänge herauszudämpfen,
lag der ersten Versuchsreihe die Betriebsart "träge" des Textronographen
zugrunde. Da nach Durchsicht der Diagramme diese Dämpfung als zu gering
erschien, wurde nach entsprechenden Tastversuchen für die weiteren 8
Versuchsreihen die Betriebsart "doppelt träge" vereinbart. Diese ließ sich
leicht im Textronographen durch Parallelschalten eines weiteren Dämpfungskondensators mit den gleichen elektrischen Daten erreichen.

Die Abbildung 8 zeigt Diagramme von Kardenbändern, die einmal mit der
Betriebsart "träge", ein andermal mit der Betriebsart "doppelt träge"
aufgenommen wurden. Im zweiten Teil der Diagramme ist nicht mit einer
Papiergeschwindigkeit von 3 mm/min, sondern mit einer solchen von 30 mm/min
gearbeitet worden. Die diesbezüglichen Diagrammlängen entsprechen einer

Kardenbandlänge von etwa 150 m. Die großen vertikalen Ausschläge in den Diagrammen sind gewollte Meßmarkierungen.

Wie die als Beispiel wiedergegebenen einzelnen Diagramme der 8. Versuchsreihe (Abb. 9) zeigen, dämpft die doppelt träge Einstellung die Ungleichmäßigkeiten des Kardenbandes mit einer Wellenlänge bis zu etwa 2 m, die im Gegensatz zu den darüber hinausgehenden, im Wickel bereits vorhandenen Wellenlängen auf die Arbeitsweise der Karde zurückzuführen sind. Da es für die Beantwortung der Aufgabenstellung lediglich auf die Beeinflussung der Nummernschwankungen an der Endstrecke durch die Ungleichmäßigkeiten des Wickelvlieses ankommt, interessieren im Zusammenhang hiermit die zusätzlich durch die Karde hineingebrachten, mehr oder weniger kurzen Ungleichmäßigkeiten nicht, zumal diese schon infolge der Dublierung durch die erste Strecke weitgehend ausgeglichen werden. Dasselbe gilt für die in jeder weiteren Passage neu hinzukommenden kurzwelligen Ungleichmäßigkeiten.

Die Arbeitsweise mit dem Textronographen für sämtliche Versuchsreihen, deren jede von der Karde bis zur Endstrecke durchgeführt wurde, war sehr mühevoll. Die Meßergebnisse, die in Form von Diagrammen vorliegen, sind nur zu verwenden, wenn man alle Fehlerquellen ausmerzt. So war eine dauernde Überprüfung des Textronographen hinsichtlich der Nullpunktverschiebung nach jeder Diagrammaufnahme erforderlich, die u.a. durch eine von äußeren Einflüssen herrührende Veränderung der Kapazität bedingt sein kann. Hinzu kommt der Einfluß, den der Lageeffekt des zu prüfenden Faserbandes im Meßschlitz des Kondensators ausübt.

Um zu prüfen, ob die kapazitiv aufgenommenen Werte sich mit den durch Schneiden und Wiegen ermittelten decken, wurden verschiedene Versuche durchgeführt, von denen einer in der Abbildung 8 wiedergegeben ist. Hier lassen die Werte der rechtsseitigen Diagramme der mit 30 mm/min Papiervorschub gefahrenen Versuche einen recht guten Vergleich mit den durch Schneiden und Wiegen ermittelten 3-m-Sortierungen erkennen. Diese hier im Beispiel gezeigte Übereinstimmung ließ sich auch für Schwankungen mit noch größeren Wellenlängen feststellen.

Die Abbildungen 9 bis 11 geben als Beispiel die kapazitiv aufgenommenen Massediagramme der Karden- und Streckenbänder der 8. Versuchsreihe während eines Durchganges wieder. Im einzelnen zeigen:

die Abbildung 9	die sechs untereinandergelegten Diagramme der Kardenbänder und das Diagramm des von der 1. Strecke erzeugten Faserbandes,
die Abbildung 10	die sechs untereinandergelegten Diagramme der Faserbänder von der 1. Strecke und das Diagramm des von der 2. Strecke erzeugten Faserbandes.

Die in der Abbildung 9 unten wiedergegebenen 6 Diagramme der Streckenbänder der Kannen 1 bis 6 sind in der Abbildung 10 spiegelbildlich und mit Hilfe des Affinigraphen auseinandergezogen wiedergegeben.

die Abbildung 11	die vier untereinandergelegten Diagramme der Faserbänder von der 2. Strecke und das Diagramm des von der Endstrecke erzeugten Faserbandes.

Die in der Abbildung 10 unten wiedergegebenen 4 Diagramme der Streckenbänder der Kannen 1 bis 4 sind in der Abbildung 11 spiegelbildlich und mit Hilfe des Affinigraphen auseinandergezogen wiedergegeben.

Hierzu ist zu bemerken, daß die auf korrespondierende Längen abgestimmten Diagramme spiegelbildlich gezeichnet werden müssen, damit Bandanfang und Bandende richtig zueinander liegen.

Aus den Diagrammen der Abbildungen 9 bis 11 der 8. Versuchsreihe erkennt man, daß die Streubänder der von der zweiten und dritten Passage abgelieferten Faserbänder Wellenlängen in der Größenordnung mehrerer Meter aufweisen, wobei das abgelieferte Faserband der zweiten Passage kleinere Amplituden als das der dritten aufweist. Das gleiche wurde für alle anderen, hier nicht gezeigten Diagramme der übrigen Versuchsreihen gefunden.

Bei der Betrachtung der Kardenbanddiagramme fällt weiter auf, daß hier unter anderem Ungleichmäßigkeiten mit Wellenlängen von etwa zwei bis vierhundert Metern vorliegen. Diese hier in Erscheinung tretenden Ungleichmäßigkeiten lassen sich auf die des Wickels zurückführen, die dort um den etwa 100fachen Verzug kürzer sind. Sie können in den Abbildungen 9 bis 11 nicht bis zum Endstreckenband verfolgt werden.

Über die 6 vorgelegten Kardenkannen gesehen, gehen die Ungleichmäßigkeiten jeder Passage in die Ungleichmäßigkeit des dublierten Bandes der nächsten Passage ein.

Wie die Abbildungen 9 bis 11 zeigen, gibt es beim Kardenband außer den Perioden in der Größenordnung bis etwa 400 m noch solche, die darüber liegen und zu denen unterschiedliche Amplituden gehören. Man erkennt, daß sich auch diese nicht über die erste Streckpassage hinaus verfolgen lassen. Selbst wenn die Ungleichmäßigkeiten der dublierten Kardenbänder beim Durchgang durch die erste Strecke keinen vollkommenen Ausgleich finden, so tritt doch zumindest eine beachtliche Verringerung der Amplituden ein. Wie die Abbildungen 9 und 10 zeigen, sind die relativ großen Schwankungen des Kardenbandes im Band der zweiten Strecke kaum noch zu erkennen, noch weniger bei den Faserbändern der dritten Strecke. Dies konnte auch für die anderen Versuchsreihen festgestellt werden.

Wie Versuche ergeben haben, ist selbst bei kurzzeitigem Fehlen eines ganzen Kardenbandes während der Dublierung an der ersten Strecke kein wesentlicher Unterschied hinsichtlich der Ungleichmäßigkeit bei der Endstrecke festzustellen. Der Grund liegt darin, daß eine solche Massenverringerung bei einer 144fachen Gesamtdublierung (6 · 6 · 4) nur einen Verlust von 1/144 der Sollmasse an der Endstrecke ergibt. Ungleichmäßigkeitsstellen in den Kardenbändern, etwa verursacht durch unsachgemäßes Wickelwechseln, Ausstoßen, Anlegen von Bändern oder Maschinenfehlern, wirken sich daher im allgemeinen weniger auf die Ungleichmäßigkeit des Endstreckenbandes aus als entsprechende Fehlstellen der Bänder an der zweiten oder gar an der ersten Streckpassage. Wesentlich für den weiteren Verlauf der Fertigung ist daher die letzte Passage.

In der Praxis spielt noch die relative Lage der in den dublierten Bändern vorhandenen Fehlstellen eine Rolle. Ein gleichzeitiges unsachgemäßes Ausstoßen mehrerer Karden kann beispielsweise ein Zusammenfallen von Fehlstellen ergeben. Nach dem Ausstoßen dauert es 2 bis 3 min, bis sich der Kardenbeschlag wieder gefüllt hat. Deshalb sollte man erst nach Ablauf dieser Zeitspanne die Kardenbänder in die Kannen laufen lassen. Werden nun noch die solche Fehlstellen enthaltenden Kanneninhalte der nacheinander ausgestoßenen Karden gleichzeitig einer ersten Strecke vorgesetzt, so bekommen die an den einzelnen Ablieferungen erhaltenen Kannen abermals

Fehlstellen. Setzt man diese Kannen nun wieder der zweiten Strecke gemeinsam vor, so liefert auch diese Strecke Faserbänder mit entsprechenden Fehlstellen in die Kanne. Wie schon vorher erwähnt, beeinträchtigen diese Gegebenheiten jedoch die Ungleichmäßigkeit des Endstreckenbandes nicht wesentlich.

Die hier betrachteten Ungleichmäßigkeiten des Kardenbandes lassen sich höchstens bis zur zweiten Streckpassage verfolgen. Ihre Auswirkungen auf das Endstreckenband können daher auch nicht direkt nachgewiesen werden. Betrachtet man weiter die Diagramme der dritten Passage (Abb. 11), so sind als charakteristische Kennzeichen neben den kurzwelligen streckeneigenen Ungleichmäßigkeiten des Bandes noch Schwankungen, die bei 100 bis 400 m liegen, zu erkennen. Diese hätten, wenn sie vom Kardenband kämen, dort Wellenlängen von etwa 0,7 bis 2,8 m und entsprächen im Wickelvlies solchen von etwa 0,7 bis 2,8 cm.

Zusätzlich in der 9. Versuchsreihe sind noch zwei besondere Wickel untersucht worden. Wie schon erwähnt, wurde das in den Batteur einlaufende Wickelvlies durch willkürliches Ausreißen von Wickelteilen und Wiederanlegen an anderen Stellen sowie durch Einreißen und Falten in Längen bis zu etwa 50 cm künstlich ungleichmäßig gemacht. In der Abbildung 13 sind davon einige Ausschnitte der kapazitiv aufgenommenen Diagramme des Kardenbandes, des 1. Streckenbandes, des 2. Streckenbandes und des Endstreckenbandes wiedergegeben. Selbst hier lassen sich die langwelligen Schwankungen im Endstreckenband nicht auf die entsprechenden Wellenlängen der Faserbänder vorangehender Arbeitsgänge zurückführen; jedoch erkennt man, wie schon erwähnt, daß das Streuband der zweiten Strecke eine geringere Breite aufweist als das der Endstrecke. Dies ist auf den größer als die Dublierung gewählten Verzug und die dabei entstehende Verfeinerung des Streckenbandes zurückzuführen.

Wie aus dem Vorhergehenden zu ersehen ist, lassen die kapazitiv aufgenommenen Massediagramme der verschiedenen Passagen gewisse Rückschlüsse auf die betrachteten Ungleichmäßigkeiten mit ihren Wellenlängen zu. Das gilt insbesondere für Ungleichmäßigkeiten mit relativ geringer Wellenlänge. Diese dringen, bedingt durch die Dublierung und die Maschineneinflüsse, vom Wickelvlies nicht bis ins Endstreckenband vor. Trotz des Aufwandes kann man nach der Methode der kapazitiven Abtastung der Faserbänder jedoch keine verbindlichen Aussagen über die tendenzmäßigen Nummernschwankungen machen, so daß es nicht möglich war, auf Grund dieser Meßmethoden die Ursache des Überschreitens der Toleranzgrenzen an der Endstrecke zu erfassen. Deshalb war es notwendig, den diesbezüglichen Nachweis mit Hilfe einer anderen Methode (der Kannensortierung) zu versuchen.

2. Die Kannensortierung

Für die Wickelgewichte ist eine bestimmte Toleranz vorgegeben. In der normalen Produktion soll kein Wickel den Karden vorgelegt werden, dessen Gesamtgewicht außerhalb dieser Toleranzgrenzen liegt. Um den Einfluß dieser damit zugelassenen Wickelgewichtsschwankungen auf die Nummernschwankungen der Endstrecke festzustellen, wurde bei jeder Versuchsreihe - wie bereits erwähnt - von jeweils zwei gewichtsmäßig ausgesuchten Wickeln ausgegangen, die zusammen an der Karde 6 gefüllte Kannen ergaben. Den Versuchsreihen lagen die jeweils angekreuzten Wickel aus den in den Abbildungen 14 bis 16 auszugsweise wiedergegebenen 8 Wickelgewichts-Kontrollkarten zugrunde. Ihr nummernmäßiges Verhalten wurde über die ganze Kannenfüllung sowohl an der Karde als auch an den Strecken weiterverfolgt. Ermittelt man nun aus den Wickelgewichten und den Wickellauflängen sowie aus den Kannennettogewichten und den Bandlauflängen der gefüllten Kannen die Durchschnittsnummern und trägt diese für die Versuchsreihen als Ablieferung innerhalb der einzelnen Verarbeitungsstellen auf, so erhält man die Abbildung 17. Man erkennt, daß jeweils zwei Wickel sechs gelieferte Kardenbänder, sechs gelieferte erste Streckenbänder, vier gelieferte zweite Streckenbänder und fünf gelieferte Endstreckenbänder sowie ebensoviel dazugehörige Durchschnittsmetergewichte ergeben. In die Abbildung 17 sind zusätzlich noch die Sollnummern gestrichelt und beim Batteur die entsprechenden Toleranzgrenzen für die Wickel strichpunktiert eingetragen.

Verbindet man innerhalb jeder Verarbeitungsstufe die mittlere Istnummer der einzelnen Versuchsreihen durch einen Linienzug miteinander, so ergibt sich, daß dieser für jede Verarbeitungsstufe die gleiche Tendenz zeigt. Hieraus ist zu schließen, daß die langwelligen Schwankungen (Nummernschwankungen) sich vom Batteur über die Karde, die erste und die zweite Strecke bis zur Endstrecke fortpflanzen, womit eindeutig bewiesen ist,

Forschungsberichte des Wirtschafts- und Verkehrsministeriums Nordrhein-Westfalen

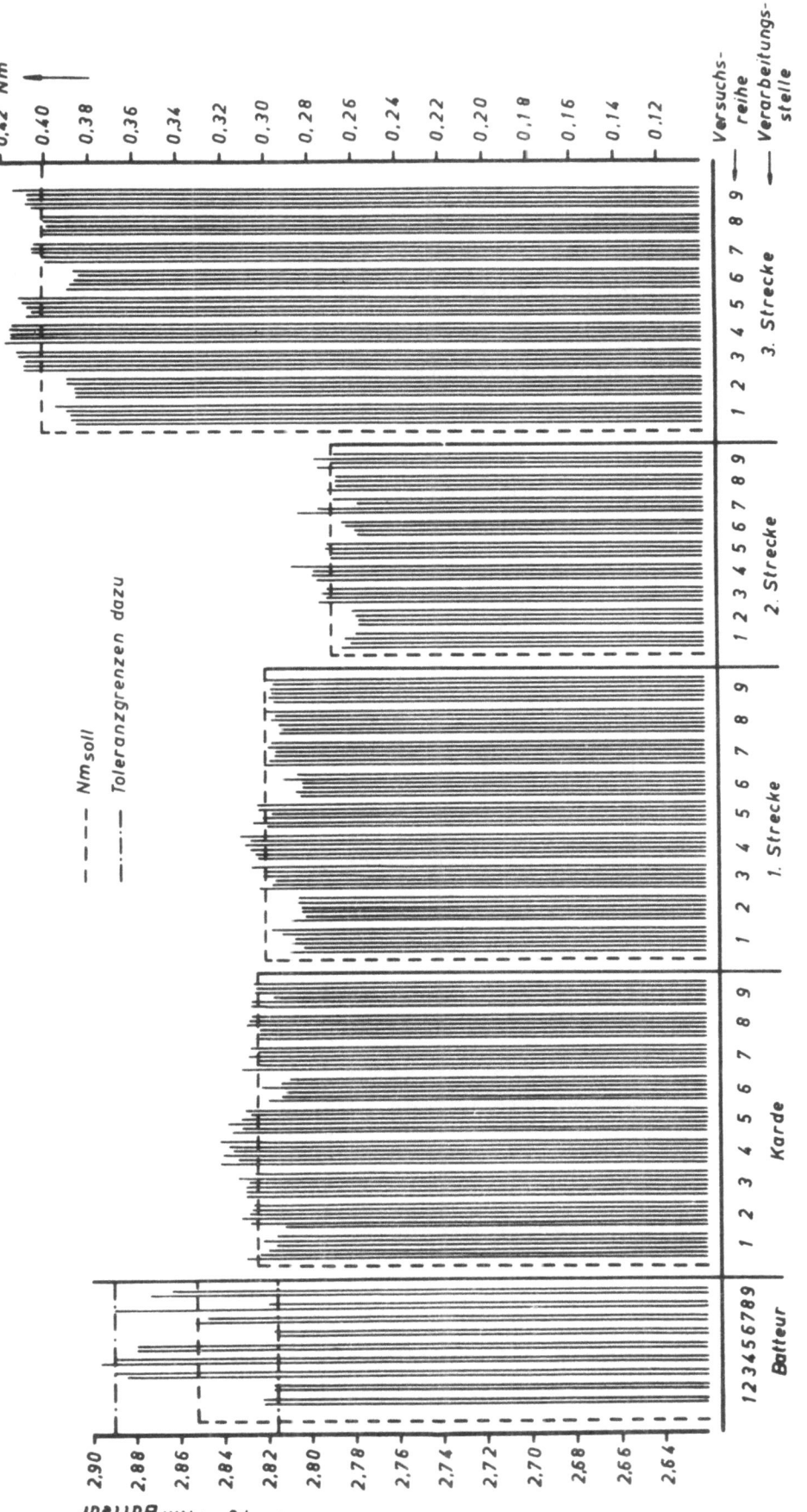

Abbildung 17

Verhalten der Kannen-Durchschnittsnummern der einzelnen Verarbeitungsstellen in Abhängigkeit von den Wickel-Durchschnittsnummern für 9 Versuchsreihen

daß die Überschreitung der Toleranzgrenzen an der Endstrecke auf die Nummernschwankungen der vollen Wickel zurückzuführen ist. Während der Versuche wurde in den Verarbeitungsstufen die jeweilige Zähnezahl des Nummernwechsels nicht geändert.

Da es im vorliegenden Falle auf die Lösung der Frage des Überschreitens der Toleranzgrenze an der Endstrecke ankommt, ist hier bewußt von vorbestimmten Wickelgewichten ausgegangen und im Zusammenhang damit eine Verarbeitung ein und derselben Einheiten nur durch Dublierung in der Längsrichtung vorgenommen worden, nicht quer dazu, wie es in der normalen Produktion der Fall ist. Durch diese Maßnahme werden die Nummernschwankungen an der Endstrecke erheblich größer, jedoch sind auch in der normalen Produktion die Nummernschwankungen der Wickel die Ursache des Überschreitens der Toleranzgrenzen.

VI. Betrachtungen zu den Versuchen

Wie die Versuche zeigten, haben die Ungleichmäßigkeiten des Kardenbandes bis zu einigen hundert Metern Wellenlänge keinen erkennbaren Einfluß auf die Nummernschwankungen der Endstreckenbänder. Hier genügt die 144fache Dublierung für den Ausgleich.

Einen großen Einfluß auf die Nummernschwankungen der Endstreckenbänder haben dagegen die bedeutend langwelligeren Schwankungen des Kardenbandes. Der Einfluß wird um so stärker, je langwelliger diese sind. Die Karden verziehen die Perioden der Wickel um das etwa 100fache. Nimmt man der Einfachheit halber an, daß beide Wickel, die nach dem Verzug auf der Karde 6 Kannenfüllungen ergeben, über ihre ganze Länge nur eine langwellige Schwankung besitzen, so findet man sie um den etwa 100fachen Verzug vergrößert, in Teillängen zerstückelt in den einzelnen Kannen wieder. Da die anfallenden 6 Kannen nunmehr gemeinsam der 1. Strecke vorgelegt werden, werden die einzelnen Teilstücke der in den beiden Wickeln ausgebildeten Wellenlänge dubliert, wobei die einzelnen Sechstel der ursprünglich im Wickel angelegten Wellenlänge aufeinandertreffen und nunmehr um den sechsfachen Betrag verzogen sind. Das gleiche geschieht an der 2. Passage, wobei abermals, bedingt durch den sechsfachen Verzug, eine Vergrößerung der Teilstücke der ursprünglich im Wickel vorhandenen Wellenlänge erzielt wird. Entsprechendes gilt für die Endstrecke. Je nach den Gegebenheiten, wie nun zufällig die Dublierung der einzelnen Teilwellenlängen erfolgt, kann es am abgelieferten Endstreckenband zur Ausbildung einer resultierenden langwelligen Schwankung mit einer bestimmten Wellenlänge kommen, die sich als Nummernschwankung der Kannenfüllung bemerkbar macht. Liegen alle Nettogewichte der Kannen, die man an der 1. Strecke gemeinsam vorsetzt, auf der leichten bzw. auf der schweren Seite des Sollgewichtes, das der Sollnummer entspricht, so wird man in der Praxis stets zu hohe bzw. zu niedrige Nummern erhalten, da das Gegengewicht zum Ausgleich fehlt. Setzt man diese zu leichten bzw. zu schweren Bänder der 2. und 3. Strecke vor, so sind die vom Wickel kommenden langwelligen Ungleichmäßigkeiten auch nicht mehr auszugleichen, wenn die weiteren zur Dublierung benutzten Kannen ebenfalls zu hohe bzw. zu niedrige Nummern haben. Je nachdem ob an der 1. Strecke die zu hohen oder zu niedrigen Nummern überwiegen, ist bei langwelligen Perioden eine entsprechende Nummernabweichung an der Endstrecke zu erwarten.

Zur Verminderung der Querstreuung dubliert man in der normalen Produktion an der 1. Strecke die Bänder aus Kannen verschiedener Ablieferungen der Karden. Entsprechendes gilt an der 2. und 3. Strecke. Dadurch werden die Nummernabweichungen an der Endstrecke verringert. In den Kardenbändern befinden sich auch Ungleichmäßigkeiten, deren Wellenlängen kleiner als die Lauflängen der Kardenkannen sind. Sie können sich zwar auch zufällig addieren, finden dann aber an der 2. und 3. Strecke ihren Ausgleich, da die hierfür verantwortlichen Perioden der Wickelungleichmäßigkeiten dort in Teilstücken zur Dublierung gelangen.

Da man in der Praxis mit einer Vielzahl von Karden und diesen entsprechenden Streckensortimenten arbeitet und das vom Batteur kommende Material sich auf mehrere Karden und Strecken verteilt, ergeben sich an den Endstreckenbändern langwellige Schwankungen, die vor der 1. Strecke gebildet wurden. Hinsichtlich des Ausgleiches der langwelligen Schwankungen bis zu einigen 100 m Wellenlänge genügt für die hier beschriebene Produktionsmethode eine 144fache Dublierung. Sind die Masseschwankungen jedoch noch langwelliger, so sind diese durch eine 144fache Dublierung nicht mehr auszugleichen. Eine Erhöhung der Dublierung unter Verwendung zusätzlicher Passagen ist aus wirtschaftlichen Gründen nicht zu vertreten. Deshalb wird bei der Verwendung von 2 oder 3 Passagen die Nummernkontrolle am Endstreckenband empfohlen, die schon vorher beschrieben wurde.

Da die Nummernhaltung der Wickel als Ursache des Überschreitens der Toleranzgrenzen an der Endstrecke erkannt worden ist, wäre es zweckmäßig, die Nummernhaltung des Wickels zu verbessern.

Darüber hinaus ist die Fertigung so zu steuern, daß eine möglichst geringe Nummernschwankung in den Endstreckenbändern entsteht, so daß die vom Wickel herrührenden Ungleichmäßigkeiten nicht wesentlich zur Auswirkung kommen. Der beste hier einzuschlagende Weg wäre ein Vorsetzen der austarierten Kannen nach konstanten Nettosummengewichten an den einzelnen Ablieferungen oder zumindest an allen Ablieferungen jeder 1. Strecke. Das würde jedoch einen erheblichen Aufwand an Platz und Sortierarbeit bedeuten, so daß dieser Weg praktisch schlecht zu verwirklichen ist. Hinzu kommt noch, daß für diese Arbeit Personal zur Verfügung stehen muß, das seine Aufgabe zuverlässig erfüllt.

Ein anderer Vorschlag bestände darin, die von möglichst vielen Batteuren kommenden Wickel in einem Block aufzustellen und diesem in der Längs- oder Querrichtung die für die Fertigung benötigten Wickel zu entnehmen, wobei sich herausstellen müßte, ob eine Längs- oder eine Querentnahme hinsichtlich der Verbesserung der Nummernschwankung an der Endstrecke vorteilhafter ist. Auch hierfür wäre zwar Platz erforderlich, jedoch scheint diese Methode ein Mittel zu sein, die Nummernschwankungen an der Endstrecke zu verringern. Diese Maßnahme wird jedoch keine Verringerung der Passagenzahl ergeben, da man die langwelligen Schwankungen hiermit wohl verringern, aber nicht ganz vermeiden kann. Je geringer jedoch die Passagenzahl gewählt wird, um so mehr kommt es darauf an, die Nummernhaltung der Wickel bzw. der Kardenbänder zu verbessern.

Ein weiteres Mittel, die Nummernhaltung an der Endstrecke zu beeinflussen, besteht in der Verwendung von Regelstrecken, die z.Zt. noch in der Entwicklung sind und deshalb in den Baumwollspinnereien noch keinen Eingang fanden.

VII. Zusammenfassung

In einer ausführlichen Abhandlung, die hier nicht wiedergegeben ist, jedoch jederzeit im Institut für Textiltechnik der Rhein.-Westf. Technischen Hochschule Aachen eingesehen werden kann, ist auf breitester Grundlage untersucht worden, ob das Außen- und Innenklima einen wesentlichen Einfluß auf das Überschreiten der Toleranzgrenzen des Endstreckenbandes hat. Dabei ließ sich kein Einfluß nachweisen.

Durch die vorliegenden Untersuchungen konnte auf Grund eines kapazitiven Meßverfahrens sowie mit Hilfe der Nummernermittlung durch Längen- und Gewichtsbestimmung der Kanneninhalte die anstehende Frage gelöst werden.

Im einzelnen ließ sich nachweisen, daß man mit dem kapazitiven Meßverfahren wohl grundlegende Erkenntnisse sammeln kann, diese Methode allein jedoch nicht für die Beantwortung der Fragestellung ausreicht. Die Untersuchungen mit Hilfe des kapazitiven Meßverfahrens ergaben,

> daß die Ungleichmäßigkeiten der Karden- und Streckenbänder mit Wellenlängen bis zu einigen hundert Metern sich durch das vielfache Dublieren an den Strecken ausgleichen und daß die diesbezüglichen in den Wickeln bzw. in den Kardenbändern vorhandenen Ungleichmäßigkeiten sich nicht bis zum Endstreckenband hin verfolgen lassen. Aus den Diagrammen geht unter anderem hervor, daß die Amplituden der Ungleichmäßigkeiten bis zu einigen Metern Wellenlänge an der 2. Strecke ein Minimum aufweisen und danach wieder größer werden. Diese Erscheinung ist darauf zurückzuführen, daß an der Endstrecke der Verzug größer als die Dublierung war.

Die Tatsache, daß die Ungleichmäßigkeiten bis zu mehreren hundert Metern Wellenlänge durch die Dublierung ihren Ausgleich finden, ist schon verschiedentlich erwähnt worden, jedoch unseres Wissens niemals wie hier an Hand aufeinanderfolgender Diagramme an mehreren Versuchsreihen nachgewiesen worden. Bei den Versuchen hat sich ergeben, daß die Durchführung der kapazitiven Meßmethode außerordentlich schwierig ist. Das gilt unter anderem besonders für die Vermeidung der Auswanderung der Mittelwertanzeige am Meßwertumformer. Mit dem kapazitiven Meßverfahren ließ sich jedoch nachweisen, daß die im Kardenband angelegten Ungleichmäßigkeiten bis zu Wellenlängen von einigen hundert Metern nicht für die Überschreitung der Toleranzgrenzen am Endstreckenband verantwortlich zu machen sind.

Um die vom Wickel bzw. vom Kardenband herrührenden, noch langwelligeren Ungleichmäßigkeiten (Nummernschwankungen) hinsichtlich ihrer Auswirkung über die einzelnen Fertigungsstellen (Batteur bis zur Endstrecke) verfolgen zu können, wurden die Gewichts- bzw. Nummernschwankungen der einzelnen

zu können, wurden die Gewichts- bzw. Nummernschwankungen der einzelnen Kanneninhalte konstanter Bandlängen in mehreren Versuchsreihen festgestellt und miteinander verglichen. Dabei findet man die im Wickel bzw. in den Kardenbändern vorhandenen langwelligeren Ungleichmäßigkeiten an den einzelnen Fertigungsstellen wieder.

Es wurde festgestellt:

1. Die innerhalb jeder Versuchsreihe ermittelten Schwankungen der Wickel- bzw. Kannen-Durchschnittsnummern nehmen von Passage zu Passage ab.

2. Würde man innerhalb jeder Fertigungsstufe die mittleren Nummern der einzelnen Versuchsreihen durch einen Linienzug miteinander verbinden, so zeigt dieser für alle Fertigungsstufen die gleiche Tendenz. Es spiegeln sich also trotz der Dublierung und des Verzuges die Schwankungen der Wickel-Durchschnittsnummern eindeutig in den Durchschnittsnummernschwankungen der einzelnen Kanneninhalte wieder. Hierdurch ist bewiesen, daß das Überschreiten der Toleranzgrenze an der Endstrecke auf die vom Wickel angelegten langwelligen Schwankungen zurückzuführen ist (Abb. 17).

Nach dieser Feststellung kommt es darauf an, Vorschläge zu machen, durch deren Verwirklichung die Toleranzgrenzen möglichst nicht oder in weit geringerem Maße als bislang überschritten werden.

Folgende Wege werden gezeigt:

1. Man könnte die Wickel gleichmäßiger gestalten, als es vielfach der Fall ist. Dies ist nicht nur durch eine Verbesserung der Putzereianlage mit ihren Maschinen (z.B. Rieter) zu erreichen, sondern auch durch zweckmäßige Sortierungsmaßnahmen.

2. Des weiteren könnte man austarierte Kannen nach konstanten Nettosummengewichten an den einzelnen Ablieferungen oder zumindest an allen Ablieferungen jeder 1. Strecke vorsetzen.

3. Ein anderer Vorschlag bestände darin, die von möglichst vielen Batteuren kommenden Wickel in einem Block aufzustellen und von diesem entweder in der Längs- oder in der Querrichtung die für die Fertigung erforderlichen Wickel zu entnehmen. Dabei müßte festgestellt werden, ob die Längs- oder die Querentnahme eine bessere Nummernhaltung an der Endstrecke ergäbe.

4. Man kann die Nummernhaltung an der Endstrecke auch durch die Verwendung von Regelstrecken verbessern.

Prof. Dr.-Ing. Walther WEGENER, Aachen

Dipl.-Ing. Herbert FOURNÉ, Bochum

FORSCHUNGSBERICHTE
DES WIRTSCHAFTS- UND VERKEHRSMINISTERIUMS
NORDRHEIN-WESTFALEN

Herausgegeben von Staatssekretär Prof. Dr. h. c. Leo Brandt

HEFT 1
Prof. Dr.-Ing. E. Flegler, Aachen
Untersuchungen oxydischer Ferromagnet-Werkstoffe
1952, 20 Seiten, DM 6,75

HEFT 2
Prof. Dr. W. Fuchs, Aachen
Untersuchungen über absatzfreie Teeröle
1952, 32 Seiten, 5 Abb., 6 Tabellen, DM 10,—

HEFT 3
Techn.-Wissenschaftl. Büro für die Bastfaserindustrie, Bielefeld
Untersuchungsarbeiten zur Verbesserung des Leinenwebstuhls
1952, 44 Seiten, 7 Abb., 3 Tabellen, DM 12,50

HEFT 4
Prof. Dr. E. A. Müller und Dipl.-Ing. H. Spitzer, Dortmund
Untersuchungen über die Hitzebelastung in Hüttenbetrieben
1952, 28 Seiten, 5 Abb., 1 Tabelle, DM 9,—

HEFT 5
Dipl.-Ing. W. Fister, Aachen
Prüfstand der Turbinenuntersuchungen
1952, 40 Seiten, 30 Abb., 3 Schaltbilder, DM 1,—

HEFT 6
Prof. Dr. W. Fuchs, Aachen
Untersuchungen über die Zusammensetzung und Verwendbarkeit von Schwelteerfraktionen
1952, 36 Seiten, DM 10,50

HEFT 7
Prof. Dr. W. Fuchs, Aachen
Untersuchungen über emsländisches Petrolatum
1952, 36 Seiten, 1 Abb., 17 Tabellen, DM 10,50

HEFT 8
M. E. Meffert und H. Stratmann, Essen
Algen-Großkulturen im Sommer 1951
1953, 52 Seiten, 4 Abb., 20 Tabellen, DM 9,75

HEFT 9
Techn.-Wissenschaftl. Büro für die Bastfaserindustrie, Bielefeld
Untersuchungen über die zweckmäßige Wicklungsart von Leinengarnkreuzspulen unter Berücksichtigung der Anwendung hoher Geschwindigkeiten des Garnes
Vorversuche für Zetteln und Schären von Leinengarnen auf Hochleistungsmaschinen
1952, 48 Seiten, 7 Abb., 7 Tabellen, DM 9,25

HEFT 10
Prof. Dr. W. Vogel, Köln
„Das Streifenpaar" als neues System zur mechanischen Vergrößerung kleiner Verschiebungen und seine technischen Anwendungsmöglichkeiten
1953, 20 Seiten, 6 Abb., DM 4,50

HEFT 11
Laboratorium für Werkzeugmaschinen und Betriebslehre, Technische Hochschule Aachen
1. Untersuchungen über Metallbearbeitung im Fräsvorgang mit Hartmetallwerkzeugen und negativem Spanwinkel
2. Weiterentwicklung des Schleifverfahrens für die Herstellung von Präzisionswerkstücken unter Vermeidung hoher Temperaturen
3. Untersuchung von Oberflächenveredlungsverfahren zur Steigerung der Belastbarkeit hochbeanspruchter Bauteile
1953, 80 Seiten, 61 Abb., DM 15,75

HEFT 12
Elektrowärme-Institut, Langenberg (Rhld.)
Induktive Erwärmung mit Netzfrequenz
1952, 22 Seiten, 6 Abb., DM 5,20

HEFT 13
Techn.-Wissenschaftl. Büro für die Bastfaserindustrie, Bielefeld
Das Naßspinnen von Bastfasergarnen mit chemischen Zusätzen zum Spinnbad
1953, 52 Seiten, 4 Abb., 19 Tabellen, DM 10,—

HEFT 14
Forschungsstelle für Acetylen, Dortmund
Untersuchungen über Aceton als Lösungsmittel für Acetylen
1952, 64 Seiten, 10 Abb., 26 Tabellen, DM 12,25

HEFT 15
Wäschereiforschung Krefeld
Trocknen von Wäschestoffen
1953, 48 Seiten, 14 Abb., 2 Tabellen, DM 9,—

HEFT 16
Max-Planck-Institut für Kohlenforschung, Mülheim a. d. Ruhr
Arbeiten des MPI für Kohlenforschung
1953, 104 Seiten, 9 Abb., DM 17,80

HEFT 17
Ingenieurbüro Herbert Stein, M.-Gladbach
Untersuchung der Verzugsvorgänge in den Streckwerken verschiedener Spinnereimaschinen. 1. Bericht: Vergleichende Prüfung mit verschiedenen Dickenmeßgeräten
1952, 36 Seiten, 15 Abb., DM 8,—

HEFT 18
Wäschereiforschung Krefeld
Grundlagen zur Erfassung der chemischen Schädigung beim Waschen
1953, 68 Seiten, 15 Abb., 15 Tabellen, DM 12,75

HEFT 19
Techn.-Wissenschaftl. Büro für die Bastfaserindustrie, Bielefeld
Die Auswirkung des Schlichtens von Leinengarnketten auf den Verarbeitungswirkungsgrad, sowie die Festigkeit und Dehnungsverhältnisse der Garne und Gewebe
1953, 48 Seiten, 1 Abb., 9 Tabellen, DM 9,—

HEFT 20
Techn.-Wissenschaftl. Büro für die Bastfaserindustrie, Bielefeld
Trocknung von Leinengarnen I
Vorgang und Einwirkung auf die Garnqualität
1953, 62 Seiten, 18 Abb., 5 Tabellen, DM 12,—

HEFT 21
Techn.-Wissenschaftl. Büro für die Bastfaserindustrie, Bielefeld
Trocknung von Leinengarnen II
Spulenanordnung und Luftführung beim Trocknen von Kreuzspulen
1953, 66 Seiten, 22 Abb., 9 Tabellen, DM 13,—

HEFT 22
Techn.-Wissenschaftl. Büro für die Bastfaserindustrie, Bielefeld
Die Reparaturanfälligkeit von Webstühlen
1953, 28 Seiten, 7 Abb., 5 Tabellen, DM 5,80

HEFT 23
Institut für Starkstromtechnik, Aachen
Rechnerische und experimentelle Untersuchungen zur Kenntnis der Metadyne als Umformer von konstanter Spannung auf konstanten Strom
1953, 52 Seiten, 20 Abb., 4 Tafeln, DM 9,75

HEFT 24
Institut für Starkstromtechnik, Aachen
Vergleich verschiedener Generator-Metadyne-Schaltungen in bezug auf statisches Verhalten
1952, 44 Seiten, 23 Abb., DM 8,50

HEFT 25
Gesellschaft für Kohlentechnik mbH., Dortmund-Eving
Struktur der Steinkohlen und Steinkohlen-Kokse
1953, 58 Seiten, DM 11,—

HEFT 26
Techn.-Wissenschaftl. Büro für die Bastfaserindustrie, Bielefeld
Vergleichende Untersuchungen zweier neuzeitlicher Ungleichmäßigkeitsprüfer für Bänder und Garne hinsichtlich ihrer Eignung für die Bastfaserspinnerei
1953, 64 Seiten, 30 Abb., DM 12,50

HEFT 27
Prof. Dr. E. Schratz, Münster
Untersuchungen zur Rentabilität des Arzneipflanzenanbaues Römische Kamille, Anthemis nobilis L.
1953, 16 Seiten, 1 Tabelle, DM 3,60

HEFT 28
Prof. Dr. E. Schratz, Münster
Calendula officinalis L. Studien zur Ernährung, Blütenfüllung und Rentabilität der Drogengewinnung
1953, 24 Seiten, 2 Abb., 3 Tabellen, DM 5,20

HEFT 29
Techn.-Wissenschaftl. Büro für die Bastfaserindustrie, Bielefeld
Die Ausnützung der Leinengarne in Geweben
1953, 100 Seiten, 14 Abb., 10 Tabellen, DM 17,80

HEFT 30
Gesellschaft für Kohlentechnik mbH., Dortmund-Eving
Kombinierte Entaschung und Verschwelung von Steinkohle; Aufarbeitung von Steinkohlenschlämmen zu verkokbarer oder verschwelbarer Kohle
1953, 56 Seiten, 16 Abb., 10 Tabellen, DM 10,50

HEFT 31
Dipl.-Ing. A. Stormanns, Essen
Messung des Leistungsbedarfs von Doppelsteg-Kettenförderern
1954, 54 Seiten, 18 Abb., 3 Anlagen, DM 11,—

HEFT 32
Techn.-Wissenschaftl. Büro für die Bastfaserindustrie, Bielefeld
Der Einfluß der Natriumchloridbleiche auf Qualität und Verwebbarkeit von Leinengarnen und die Eigenschaften der Leinengewebe unter besonderer Berücksichtigung des Einsatzes von Schützen- und Spulenwechselautomaten in der Leinenweberei
1953, 64 Seiten, 2 Abb., 12 Tabellen, DM 11,50

HEFT 33
Kohlenstoffbiologische Forschungsstation e. V.
Eine Methode zur Bestimmung von Schwefeldioxyd und Schwefelwasserstoff in Rauchgasen und in der Atmosphäre
1953, 32 Seiten, 8 Abb., 3 Tabellen, DM 6,50

HEFT 34
Textilforschungsanstalt Krefeld
Quellungs- und Entquellungsvorgänge bei Faserstoffen
1953, 52 Seiten, 13 Abb., 13 Tabellen, DM 9,80

WESTDEUTSCHER VERLAG · KÖLN UND OPLADEN

HEFT 35
Professor Dr. W. Kast, Krefeld
Feinstrukturuntersuchungen an künstlichen Zellulosefasern verschiedener Herstellungsverfahren. Teil I: Der Orientierungszustand
1953, 74 Seiten, 30 Abb., 7 Tabellen, DM 13,80

HEFT 36
Forschungsinstitut der feuerfesten Industrie, Bonn
Untersuchungen über die Trocknung von Rohton
Untersuchungen über die chemische Reinigung von Silika- und Schamotte-Rohstoffen mit chlorhaltigen Gasen
1953, 60 Seiten, 5 Abb., 5 Tabellen, DM 11,—

HEFT 37
Forschungsinstitut der feuerfesten Industrie, Bonn
Untersuchungen über den Einfluß der Probenvorbereitung auf die Kaltdruckfestigkeit feuerfester Steine
1953, 40 Seiten, 2 Abb., 5 Tabellen, DM 7,80

HEFT 38
Forschungsstelle für Acetylen, Dortmund
Untersuchungen über die Trocknung von Acetylen zur Herstellung von Dissousgas
1953, 36 Seiten, 11 Abb., 3 Tabellen, DM 6,80

HEFT 39
Forschungsgesellschaft Blechverarbeitung e. V., Düsseldorf
Untersuchungen an prägegemusterten und vorgelochten Blechen
1953, 46 Seiten, 34 Abb., DM 9,50

HEFT 40
Landesgeologe Dr.-Ing. W. Wolff, Amt für Bodenforschung, Krefeld
Untersuchungen über die Anwendbarkeit geophysikalischer Verfahren zur Untersuchung von Spateisengängen im Siegerland
1953, 46 Seiten, 8 Abb., DM 8,80

HEFT 41
Techn.-Wissenschaftl. Büro für die Bastfaserindustrie, Bielefeld
Untersuchungsarbeiten zur Verbesserung des Leinenwebstuhles II
1953, 40 Seiten, 4 Abb., 5 Tabellen, DM 7,80

HEFT 42
Professor Dr. B. Helferich, Bonn
Untersuchungen über Wirkstoffe — Fermente — in der Kartoffel und die Möglichkeit ihrer Verwendung
1953, 58 Seiten, 9 Abb., DM 11,—

HEFT 43
Forschungsgesellschaft Blechverarbeitung e. V., Düsseldorf
Forschungsergebnisse über das Beizen von Blechen
1953, 48 Seiten, 38 Abb., 2 Tabellen, DM 11,30

HEFT 44
Arbeitsgemeinschaft für praktische Dehnungsmessung, Düsseldorf
Eigenschaften und Anwendungen von Dehnungsmeßstreifen
1953, 68 Seiten, 43 Abb., 2 Tabellen, DM 13,70

HEFT 45
Losenhausenwerk Düsseldorfer Maschinenbau AG., Düsseldorf
Untersuchungen von störenden Einflüssen auf die Lastgrenzenanzeige von Dauerschwingprüfmaschinen
1953, 36 Seiten, 11 Abb., 3 Tabellen, DM 7,25

HEFT 46
Prof. Dr. W. Fuchs, Aachen
Untersuchungen über die Aufbereitung von Wasser für die Dampferzeugung in Benson-Kesseln
1953, 58 Seiten, 18 Abb., 9 Tabellen, DM 11,20

HEFT 47
Prof. Dr.-Ing. K. Krekeler, Aachen
Versuche über die Anwendung der induktiven Erwärmung zum Sintern von hochschmelzenden Metallen sowie zur Anlegierung und Vergütung von aufgespritzten Metallschichten mit dem Grundwerkstoff
1954, 66 Seiten, 39 Abb., DM 13,90

HEFT 48
Max-Planck-Institut für Eisenforschung, Düsseldorf
Spektrochemische Analyse der Gefügebestandteile in Stählen nach ihrer Isolierung
1953, 38 Seiten, 8 Abb., 5 Tabellen, DM 7,80

HEFT 49
Max-Planck-Institut für Eisenforschung, Düsseldorf
Untersuchungen über den Ablauf der Desoxydation und die Bildung von Einschlüssen in Stählen
1953, 52 Seiten, 19 Abb., 3 Tabellen, DM 12,40

HEFT 50
Max-Planck-Institut für Eisenforschung, Düsseldorf
Flammenspektralanalytische Untersuchung der Ferritzusammensetzung in Stählen
1953, 44 Seiten, 15 Abb., 4 Tabellen, DM 8,60

HEFT 51
Verein zur Förderung von Forschungs- und Entwicklungsarbeiten in der Werkzeugindustrie e. V., Remscheid
Untersuchungen an Kreissägeblättern für Holz, Fehler- und Spannungsprüfverfahren
1953, 50 Seiten, 23 Abb., DM 10,—

HEFT 52
Forschungsstelle für Acetylen, Dortmund
Untersuchungen über den Umsatz bei der explosiblen Zersetzung von Azetylen
a) Zersetzung von gasförmigem Azetylen
b) Zersetzung von an Silikagel absorbiertem Azetylen
1954, 48 Seiten, 8 Abb., 10 Tabellen, DM 9,25

HEFT 53
Professor Dr.-Ing. H. Opitz, Aachen
Reibwert und Verschleißmessungen an Kunststoffgleitführungen für Werkzeugmaschinen
1954, 38 Seiten, 18 Abb., DM 8,20

HEFT 54
Professor Dr.-Ing. F. A. F. Schmidt, Aachen
Schaffung von Grundlagen für die Erhöhung der spez. Leistung und Herabsetzung des spez. Brennstoffverbrauches bei Ottomotoren mit Teilbericht über Arbeiten an einem neuen Einspritzverfahren
1954, 34 Seiten, 15 Abb., DM 7,40

HEFT 55
Forschungsgesellschaft Blechverarbeitung e. V., Düsseldorf
Chemisches Glänzen von Messing und Neusilber
1954, 50 Seiten, 21 Abb., 1 Tabelle, DM 10,20

HEFT 56
Forschungsgesellschaft Blechverarbeitung e. V., Düsseldorf
Untersuchungen über einige Probleme der Behandlung von Blechoberflächen
1954, 52 Seiten, 42 Abb., DM 11,20

HEFT 57
Prof. Dr.-Ing. F. A. F. Schmidt, Aachen
Untersuchungen zur Erforschung des Einflusses des chemischen Aufbaues des Kraftstoffes auf sein Verhalten im Motor und in Brennkammern von Gasturbinen
1954, 70 Seiten, 32 Abb., DM 14,60

HEFT 58
Gesellschaft für Kohlentechnik mbH., Dortmund
Herstellung und Untersuchung von Steinkohlenschwelteer
1954, 74 Seiten, 9 Abb., 9 Tabellen, DM 13,75

HEFT 59
Forschungsinstitut der Feuerfest-Industrie e. V., Bonn
Ein Schnellanalysenverfahren zur Bestimmung von Aluminiumoxyd, Eisenoxyd und Titanoxyd in feuerfestem Material mittels organischer Farbreagenzien auf photometrischem Wege
Untersuchungen des Alkali-Gehaltes feuerfester Stoffe mit dem Flammenphotometer nach Riehm-Lange
1954, 62 Seiten, 12 Abb., 3 Tabellen, DM 11,60

HEFT 60
Forschungsgesellschaft Blechverarbeitung e. V., Düsseldorf
Untersuchungen über das Spritzlackieren im elektrostatischen Hochspannungsfeld
1954, 82 Seiten, 53 Abb., 7 Tabellen, DM 17,—

HEFT 61
Verein zur Förderung von Forschungs- und Entwicklungsarbeiten in der Werkzeugindustrie e. V., Remscheid
Schwingungs- und Arbeitsverhalten von Kreissägeblättern für Holz
1954, 54 Seiten, 31 Abb., DM 11,40

HEFT 62
Professor Dr. W. Franz, Institut für theoretische Physik der Universität Münster
Berechnung des elektrischen Durchschlags durch feste und flüssige Isolatoren
1954, 36 Seiten, DM 7,—

HEFT 63
Textilforschungsanstalt Krefeld
Neue Methoden zur Untersuchung der Wirkungsweise von Textilhilfsmitteln
Untersuchungen über Schlichtungs- und Entschlichtungsvorgänge
1954, 34 Seiten, 1 Abb., 5 Tabellen, DM 6,80

HEFT 64
Textilforschungsanstalt Krefeld
Die Kettenlängenverteilung von hochpolymeren Faserstoffen
Über die fraktionierte Fällung von Polyamiden
1954, 44 Seiten, 13 Abb., DM 8,60

HEFT 65
Fachverband Schneidwarenindustrie, Solingen
Untersuchungen über das elektrolytische Polieren von Tafelmesserklingen aus rostfreiem Stahl
1954, 90 Seiten, 38 Abb., 9 Tabellen, DM 17,35

HEFT 66
Dr.-Ing. P. Füsgen VDI †, Düsseldorf
Untersuchungen über das Auftreten des Ratterns bei selbsthemmenden Schneckengetrieben und seine Verhütung
1954, 32 Seiten, 5 Abb., DM 6,60

HEFT 67
Heinrich Wösthoff o. H. G., Apparatebau, Bochum
Entwicklung einer chemisch-physikalischen Apparatur zur Bestimmung kleinster Kohlenoxyd-Konzentrationen
1954, 94 Seiten, 48 Abb., 2 Tabellen, DM 18,25

HEFT 68
Kohlenstoffbiologische Forschungsstation e. V., Essen
Algengroßkulturen im Sommer 1952
II. Über die unsterile Großkultur von Scenedesmus obliquus
1954, 62 Seiten, 3 Abb., 29 Tabellen, DM 11,40

HEFT 69
Wäschereiforschung Krefeld
Bestimmung des Faserabbaues bei Leinen unter besonderer Berücksichtigung der Leinengarnbleiche
1954, 48 Seiten, 15 Abb., 3 Tabellen, DM 9,60

HEFT 70
Wäschereiforschung Krefeld
Trocknen von Wäschestoffen
1954, 52 Seiten, 18 Abb., 3 Tabellen, DM 10,—

HEFT 71
Prof. Dr.-Ing. K. Leist, Aachen
Kleingasturbinen, insbesondere zum Fahrzeugantrieb
1954, 114 Seiten, 85 Abb., DM 22,—

HEFT 72
Prof. Dr.-Ing. K. Leist, Aachen
Beitrag zur Untersuchung von stehenden geraden Turbinengittern mit Hilfe von Druckverteilungsmessungen
1954, 152 Seiten, 111 Abb., DM 36,20

HEFT 73
Prof. Dr.-Ing. K. Leist, Aachen
Spannungsoptische Untersuchungen von Turbinenschaufelfüßen
1954, 66 Seiten, 46 Abb., 2 Tabellen, DM 14,60

HEFT 74
Max-Planck-Institut für Eisenforschung, Düsseldorf
Versuche zur Klärung des Umwandlungsverhaltens eines sonderkarbidbildenden Chromstahls
1954, 58 Seiten, 10 Abb., DM 14,—

HEFT 75
Max-Planck-Institut für Eisenforschung, Düsseldorf
Zeit-Temperatur-Umwandlungs-Schaubilder als Grundlage der Wärmebehandlung der Stähle
1954, 44 Seiten, 13 Abb., DM 8,70

HEFT 76
Max-Planck-Institut für Arbeitsphysiologie, Dortmund
Arbeitstechnische und arbeitsphysiologische Rationalisierung von Mauersteinen
1954, 52 Seiten, 12 Abb., 3 Tabellen, DM 10,20

HEFT 77
Meteor Apparatebau Paul Schmeck GmbH., Siegen
Entwicklung von Leuchtstoffröhren hoher Leistung
1954, 46 Seiten, 12 Abb., 2 Tabellen, DM 9,15

HEFT 78
Forschungsstelle für Acetylen, Dortmund
Über die Zustandsgleichung des gasförmigen Acetylens und das Gleichgewicht Acetylen — Aceton
1954, 42 Seiten, 3 Abb., 8 Tabellen, DM 8,—

HEFT 79
Techn.-Wissenschaftl. Büro für die Bastfaserindustrie, Bielefeld
Trocknung von Leinengarnen III
Spinnspulen- und Spinnkopstrocknung
Vorgang und Einwirkung auf die Garnqualität
1954, 74 Seiten, 18 Abb., 10 Tabellen, DM 14,—

WESTDEUTSCHER VERLAG · KÖLN UND OPLADEN

HEFT 80
Techn.-Wissenschaftl. Büro für die Bastfaserindustrie, Bielefeld
Die Verarbeitung von Leinengarn auf Webstühlen mit und ohne Oberbau
1954, 30 Seiten, 2 Abb., 2 Tabellen, DM 6,—

HEFT 81
Prüf- und Forschungsinstitut für Ziegeleierzeugnisse, Essen-Kray
Die Einführung des großformatigen Einheits-Gitterziegels im Lande Nordrhein-Westfalen
1954, 54 Seiten, 2 Abb., 2 Tabellen, DM 10,—

HEFT 82
Vereinigte Aluminium-Werke AG., Bonn
Forschungsarbeiten auf dem Gebiet der Veredelung von Aluminium-Oberflächen
1954, 46 Seiten, 34 Abb., DM 9,60

HEFT 83
Prof. Dr. S. Strugger, Münster
Über die Struktur der Proplastiden
1954, 30 Seiten, 15 Abb., DM 8,40

HEFT 84
Dr. H. Baron, Düsseldorf
Über Standardisierung von Wundtextilien
1954, 32 Seiten, DM 6,40

HEFT 85
Textilforschungsanstalt Krefeld
Physikalische Untersuchungen an Fasern, Fäden, Garnen und Geweben:
Untersuchungen am Knickscheuergerät nach Weltzien
1954, 40 Seiten, 11 Abb., 8 Tabellen, DM 10,—

HEFT 86
Prof. Dr.-Ing. H. Opitz, Aachen
Untersuchungen über das Fräsen von Baustahl sowie über den Einfluß des Gefüges auf die Zerspanbarkeit
1954, 108 Seiten, 73 Abb., 7 Tabellen, DM 22,—

HEFT 87
Gemeinschaftsausschuß Verzinken, Düsseldorf
Untersuchungen über Güte von Verzinkungen
1954, 68 Seiten, 56 Abb., 3 Tabellen, DM 15,30

HEFT 88
Gesellschaft für Kohlentechnik mbH., Dortmund-Eving
Oxydation von Steinkohle mit Salpetersäure
1954, 62 Seiten, 2 Abb., 1 Tabelle, DM 11,50

HEFT 89
Verein Deutscher Ingenieure, Gleitlagerforschung, Düsseldorf und Prof. Dr.-Ing. G. Vogelpohl, Göttingen
Versuche mit Preßstoff-Lagern für Walzwerke
1954, 70 Seiten, 34 Abb., DM 14,10

HEFT 90
Forschungs-Institut der Feuerfest-Industrie, Bonn
Das Verhalten von Silikasteinen im Siemens-Martin-Ofengewölbe
1954, 62 Seiten, 15 Abb., 11 Tabellen, DM 11,90

HEFT 91
Forschungs-Institut der Feuerfest-Industrie, Bonn
Untersuchungen des Zusammenhangs zwischen Leistung und Kohlenverbrauch von Kammeröfen zum Brennen von feuerfesten Materialien
1954, 42 Seiten, 6 Abb., DM 8,30

HEFT 92
Techn.-Wissenschaftl. Büro für die Bastfaserindustrie, Bielefeld und Laboratorium für textile Meßtechnik, M.-Gladbach
Messungen von Vorgängen am Webstuhl
1954, 76 Seiten, 45 Abb., DM 15,50

HEFT 93
Prof. Dr. W. Kast, Krefeld
Spinnversuche zur Strukturerfassung künstlicher Zellulosefasern
1954, 82 Seiten, 39 Abb., 6 Tabellen, DM 16,—

HEFT 94
Prof. Dr. G. Winter, Bonn
Die Heilpflanzen des MATTHIOLUS (1611) gegen Infektionen der Harnwege und Verunreinigung der Wunden bzw. zur Förderung der Wundheilung im Lichte der Antibiotikaforschung
1954, 58 Seiten, 1 Abb., 2 Tabellen, DM 11,50

HEFT 95
Prof. Dr. G. Winter, Bonn
Untersuchungen über die flüchtigen Antibiotika aus der Kapuziner- (Tropaeolum maius) und Gartenkresse (Lepidium sativum) und ihr Verhalten im menschlichen Körper bei Aufnahme von Kapuziner- bzw. Gartenkressensalat per os
1955, 74 Seiten, 9 Abb., 25 Tabellen, DM 14,—

HEFT 96
Dr.-Ing. P. Koch, Dortmund
Austritt von Exoelektronen aus Metalloberflächen unter Berücksichtigung der Verwendung des Effektes für die Materialprüfung
1954, 34 Seiten, 13 Abb., DM 7,—

HEFT 97
Ing. H. Stein, Laboratorium für textile Meßtechnik, M.-Gladbach
Untersuchung der Verzugsvorgänge an den Streckwerken verschiedener Spinnereimaschinen
2. Bericht: Ermittlung der Haft-Gleiteigenschaften von Faserbändern und Vorgarnen
1955, 98 Seiten, 54 Abb., DM 21,—

HEFT 98
Fachverband Gesenkschmieden, Hagen
Die Arbeitsgenauigkeit beim Gesenkschmieden unter Hämmern
1955, 132 Seiten, 55 Abb., 9 Tabellen, DM 24,75

HEFT 99
Prof. Dr.-Ing. G. Garbotz, Aachen
Der Kraft- und Arbeitsaufwand sowie die Leistungen beim Biegen von Bewehrungsstählen in Abhängigkeit von den Abmessungen, den Formen und der Güte der Stähle (Ermittlung von Leistungsrichtlinien)
1955, 136 Seiten, 53 Abb., 3 Anlagen, 18 Tabellen, DM 30,—

HEFT 100
Prof. Dr.-Ing. H. Opitz, Aachen
Untersuchungen von elektrischen Antrieben, Steuerungen und Regelungen an Werkzeugmaschinen
1955, 166 Seiten, 71 Abb., 3 Tabellen, DM 31,30

HEFT 101
Prof. Dr.-Ing. H. Opitz, Aachen
Wirtschaftlichkeitsbetrachtungen beim Außenrundschleifen
1955, 100 Seiten, 56 Abb., 3 Tabellen, DM 19,30

HEFT 102
Dr. P. Hölemann, Ing. R. Hasselmann und Ing. G. Dix, Dortmund
Untersuchungen über die thermische Zündung von explosiblen Acetylenzersetzungen in Kapillaren
1954, 44 Seiten, 5 Abb., 4 Tabellen, DM 8,60

HEFT 103
Prof. Dr. W. Weizel, Bonn
Durchführung von experimentellen Untersuchungen über den zeitlichen Ablauf von Funken in komprimierten Edelgasen sowie zu deren mathematischen Berechnung
1955, 46 Seiten, 12 Abb., DM 9,10

HEFT 104
Prof. Dr. W. Weizel, Bonn
Über den Einfluß der Elektroden auf die Eigenschaften von Cadmium-Sulfid-Widerstands-Photozellen
1955, 48 Seiten, 12 Abb., DM 9,45

HEFT 105
Dr.-Ing. R. Meldau, Harsewinkel/Westf.
Auswertung von Gekörn — Analysen des Musterstaubes „Flugasche Fortuna I"
1955, 42 Seiten, 14 Abb., DM 8,50

HEFT 106
ORR. Dr.-Ing. W. Küch, Dortmund
Untersuchungen über die Einwirkung von feuchtigkeitsgesättigter Luft auf die Festigkeit von Leimverbindungen
1954, 60 Seiten, 10 Abb., 6 Tabellen, DM 11,40

HEFT 107
Prof. Dr. H. Lange und Dipl.-Phys. P. St. Pütter, Köln
Über die Konstruktion von Laboratoriumsmagneten
1955, 66 Seiten, 19 Abb., 1 Tabelle, DM 12,30

HEFT 108
Prof. Dr. W. Fuchs, Aachen
I. Die Entzunderung von Drähten mit Natriumhydrid
II. Die Aufbereitung von Beizabwässern
1955, 82 S., 15 Abb., 14 Tabellen, 1 Falttafel, DM 15,25

HEFT 109
Dr. P. Hölemann und Ing. R. Hasselmann, Dortmund
Untersuchungen über die Löslichkeit von Azetylen in verschiedenen organischen Lösungsmitteln
1954, 42 Seiten, 10 Abb., 8 Tabellen, DM 8,30

HEFT 110
Dr. P. Hölemann und Ing. R. Hasselmann, Dortmund
Untersuchungen über den Druckverlauf bei der explosiblen Zersetzung von gasförmigem Azetylen
1955, 54 Seiten, 10 Abb., 5 Tabellen, DM 11,—

HEFT 111
Fachverband Steinzeugindustrie, Köln
Die Entwicklung eines Gerätes zur Beschickung seitlicher Feuer von Steinzeug-Einzelkammeröfen mit festen Brennstoffen
1955, 46 Seiten, 16 Abb., DM 9,40

HEFT 112
Prof. Dr.-Ing. H. Opitz, Aachen
Verschleißmessungen beim Drehen mit aktivierten Hartmetallwerkzeugen
1954, 44 Seiten, 17 Abb., 6 Tabellen, DM 8,80

HEFT 113
Prof. Dr. O. Graf, Dortmund
Erforschung der geistigen Ermüdung und nervösen Belastung: Studien über die vegetative 24-Stunden-Rhythmik in Ruhe und unter Belastung
1955, 40 Seiten, 12 Abb., DM 8,20

HEFT 114
Prof. Dr. O. Graf, Dortmund
Studien über Fließarbeitsprobleme an einer praxisnahen Experimentieranlage
1954, 34 Seiten, 6 Abb., DM 7,—

HEFT 115
Prof. Dr. O. Graf, Dortmund
Studium über Arbeitspausen in Betrieben bei freier und zeitgebundener Arbeit (Fließarbeit) und ihre Auswirkung auf die Leistungsfähigkeit
1955, 50 Seiten, 13 Abb., 2 Tabellen, DM 9,80

HEFT 116
Prof. Dr.-Ing. E. Siebel und Dr.-Ing. H. Weiss, Stuttgart
Untersuchungen an einigen Problemen des Tiefziehens — I. Teil
1955, 74 Seiten, 50 Abb., 5 Tabellen, DM 14,50

HEFT 117
Dr.-Ing. H. Beißwänger, Stuttgart, und Dr.-Ing. S. Schwandt, Trier
Untersuchungen an einigen Problemen des Tiefziehens — II. Teil
1955, 52 Seiten, 34 Abb., 8 Tabellen, DM 17,70

HEFT 118
Prof. Dr. E. A. Müller und Dr. H. G. Wenzel, Dortmund
Neuartige Klima-Anlage zur Erzeugung ungleicher Luft- und Strahlungstemperaturen in einem Versuchsraum
1955, 68 Seiten, 10 z. T. mehrfarb. Abb., DM 14,—

HEFT 119
Dr.-Ing. O. Viertel, Krefeld
Wäscherei- und energietechnische Untersuchung einer Gemeinschafts-Waschanlage
1955, 50 Seiten, 18 Abb., DM 10,20

HEFT 120
Dipl.-Ing. A. Weisbecker, Lüdenscheid
Über Anfressung an Reinstaluminium-Schweißnähten bei der elektrolytischen Oxydation
Gebr. Hörstermann GmbH., Velbert
Entwicklung und Erprobung eines neuartigen Gummibandförderers
1955, 46 Seiten, 18 Abb., DM 9,70

HEFT 121
Dr. H. Krebs, Bonn
I. Die Struktur und die Eigenschaften der Halbmetalle
II. Die Bestimmung der Atomverteilung in amorphen Substanzen
III. Die chemische Bindung in anorganischen Festkörpern und das Entstehen metallischer Eigenschaften
1955, 124 Seiten, 36 Abb., 13 Tabellen, DM 22,90

HEFT 122
Prof. Dr. W. Fuchs, Aachen
Untersuchungen zur Verbesserung der Wasseraufbereitung und Wasseranalyse:
Über die Schnellbewertung von Ionenaustauscher
1955, 62 Seiten, 32 Abb., DM 12,30

HEFT 123
Dipl.-Ing. J. Emondts, Aachen
Über Bodenverformungen bei stark gestörtem und mächtigem, wasserführendem Deckgebirge im Aachener Steinkohlengebiet
1955, 196 Seiten, 37 Abb., 10 Tabellen, DM 28,80

HEFT 124
Prof. Dr. R. Seyffert, Köln
Wege und Kosten der Distribution der Hausratwaren im Lande Nordrhein-Westfalen
1955, 74 Seiten, 25 Tabellen, DM 9,—

WESTDEUTSCHER VERLAG · KÖLN UND OPLADEN

HEFT 125
Prof. Dr. E. Kappler, Münster
Eine neue Methode zur Bestimmung von Kondensations-Koeffizienten von Wasser
1955, 46 Seiten, 11 Abb., 1 Tabelle, DM 9,10

HEFT 126
Prof. Dr.-Ing. J. Mathieu, Aachen
Arbeitszeitvergleich
Grundlagen, Methodik und praktische Durchführung
1955, 70 Seiten, DM 13,—

HEFT 127
Güteschutz Betonstein e. V., Arbeitskreis Nordrhein-Westfalen, Dortmund
Die Betonwaren-Gütesicherung im Lande Nordrhein-Westfalen
1955, 58 Seiten, 15 Abb., 3 Tabellen, DM 11,50

HEFT 128
Prof. Dr. O. Schmitz-DuMont, Bonn
Untersuchungen über Reaktionen in flüssigem Ammoniak
1955, 96 Seiten, 11 Abb., 6 Tabellen, DM 17,75

HEFT 129
Prof. Dr.-Ing. J. Mathieu und Dr. C. A. Roos, Aachen
Die Anlernung von Industriearbeitern
I. Ergebnisse einer grundsätzlichen Untersuchung der gegenwärtigen Industriearbeiter-Kurzanlernung
1955, 106 Seiten, DM 19,70

HEFT 130
Prof. Dr.-Ing. J. Mathieu und Dr. C. A. Roos, Aachen
Die Anlernung von Industriearbeitern
II. Beiträge zur Methodenfrage der Kurzanlernung
1955, 108 Seiten, DM 19,90

HEFT 131
Dr. W. Hoerburger, Köln
Versuche zur Biosynthese von Eiweiß aus Kohlenwasserstoff
1955, 34 Seiten, 2 Abb., DM 6,90

HEFT 132
Prof. Dr. W. Seith, Münster
Über Diffusionserscheinungen in festen Metallen
1955, 42 Seiten, 19 Abb., 4 Tabellen, DM 9,10

HEFT 133
Prof. Dr. E. Jenckel, Aachen
Über einen für Schwermetalle selektiven Ionenaustauscher
1955, 48 Seiten, 8 Abb., 13 Tabellen, DM 9,50

HEFT 134
Prof. Dr.-Ing. H. Winterhager, Aachen
Über die elektrochemischen Grundlagen der Schmelzfluß-Elektrolyse von Bleisulfid in geschmolzenen Mischungen mit Bleichlorid
1955, 54 Seiten, 20 Abb., 5 Tabellen, DM 11,80

HEFT 135
Prof. Dr.-Ing. K. Krekeler und Dr.-Ing. H. Peukert, Aachen
Die Änderung der mechanischen Eigenschaften thermoplastischer Kunststoffe durch Warmrecken
1955, 54 Seiten, 27 Abb., DM 11,10

HEFT 136
Dipl.-Phys. P. Pilz, Remscheid
Über spezielle Probleme der Zerkleinerungstechnik von Weichstoffen
1955, 58 Seiten, 19 Abb., 2 Tabellen, DM 11,50

HEFT 137
Prof. Dr. W. Baumeister, Münster
Beiträge zur Mineralstoffernährung der Pflanzen
1955, 64 Seiten, 6 Tabellen, DM 11,80

HEFT 138
Dr. P. Hölemann und Ing. R. Hasselmann, Dortmund
Untersuchungen über die Zersetzungswärme von gasförmigem und in Azeton gelöstem Azetylen
1955, 54 Seiten, 8 Abb., 7 Tabellen, DM 10,40

HEFT 139
Prof. Dr. W. Fuchs, Aachen
Studien über die thermische Zersetzung der Kohle und die Kohlendestillatprodukte
1955, 64 Seiten, 20 Abb., 22 Tabellen, DM 11,80

HEFT 140
Dr.-Ing. G. Hausberg, Essen
Modellversuche an Zyklonen
1955, 78 Seiten, 24 Abb., DM 15,70

HEFT 141
Dr. J. van Calker und Dr. R. Wienecke, Münster
Untersuchungen über den Einfluß dritter Analysenpartner auf die spektrochemische Analyse
1955, 42 Seiten, 15 Abb., DM 9,10

HEFT 142
Dipl.-Ing. G. M. F. Wiebel, Hannover, A. Konermann und A. Ottenheym, Sennelager
Entwicklung eines Kalksandleichtsteines
1955, 38 Seiten, 4 Abb., DM 8,—

HEFT 143
Prof. Dr. F. Wever, Dr. A. Rose und Dipl.-Ing. W. Straßburg, Düsseldorf
Härtbarkeit und Umwandlungsverhalten der Stähle
1955, 50 Seiten, 12 Abb., 3 Tabellen, DM 10,70

HEFT 144
Prof. Dr. H. Wurmbach, Bonn
Steuerung von Wachstum und Formbildung
1955, 48 Seiten, 19 Abb., DM 10,30

HEFT 145
Dr. G. Hennemann, Werdohl (Westf.)
Beitrag zur Interpretation der modernen Atomphysik
1955, 34 Seiten, DM 10,—

HEFT 146
Dr.-Ing. F. Gruß, Düsseldorf
Sterilisation mit Heißluft
1955, 34 Seiten, 10 Abb., DM 7,70

HEFT 147
Dr.-Ing. W. Rudisch, Unna
Untersuchung einer drehelastischen Elektromagnet-Synchronkupplung
1955, 82 Seiten, 65 Abb., DM 17,70

HEFT 148
Prof. Dr. H. Bittel u. Dipl.-Phys. L. Storm, Münster
Untersuchungen über Widerstandsrauschen
1955, 40 Seiten, 5 Abb., DM 8,40

HEFT 149
Dipl.-Ing. K. Konopicky und Dipl.-Chem. P. Kampa, Bonn
I. Beitrag zur flammenphotometrischen Bestimmung des Calciums.
Dr.-Ing. K. Konopicky, Bonn
II. Die Wanderung von Schlackenbestandteilen in feuerfesten Baustoffen
1955, 54 Seiten, 10 Abb., 5 Tabellen, DM 11,—

HEFT 150
Prof. Dr.-Ing. O. Kienzle und Dipl.-Ing. W. Timmerbeil, Hannover
Das Durchziehen enger Kragen an ebenen Fein- und Mittelblechen
1955, 52 Seiten, 20 Abb., 8 Tabellen, DM 11,30

HEFT 151
Dipl.-Ing. P. Karabasch, Aachen
Feststellung des optimalen Gasgehaltes von Bronzen zur Erzielung druckdichter Gußstücke
1956, 64 Seiten, 31 Abb., 5 Tabellen, DM 13,90

HEFT 152
Dipl.-Ing. G. Müller, Köln
Ermittlung der Laufeigenschaften (Vergießbarkeit) von Bronze und Rotguß mittels der Schneider-Gießspirale
1955, 60 Seiten, 33 Abb., DM 13,30

HEFT 153
Prof. Dr. F. Wever, Dr.-Ing. W. A. Fischer und Dipl.-Ing. J. Engelbrecht, Düsseldorf
I. Die Reduktion sauerstoffhaltiger Eisenschmelzen im Hochvakuum mit Wasserstoff und Kohlenstoff
II. Einfluß geringer Sauerstoffgehalte auf das Gefüge und Alterungsverhalten von Reineisen
1955, 54 Seiten, 15 Abb., 2 Tabellen, DM 12,40

HEFT 154
Prof. Dr.-Ing. P. Bardenheuer und Dr.-Ing. W. A. Fischer, Düsseldorf
Die Verschlackung von Titan aus Stahlschmelzen im sauren und basischen Hochfrequenzofen unter verschiedenen Schlacken
1955, 36 Seiten, 10 Abb., 1 Tabelle, DM 7,95

HEFT 155
Dipl.-Phys. K. H. Schirmer, München
Die auf Grau abgestimmte Farbwiedergabe im Dreifarbenbuchdruck
1955, 46 Seiten, 17 Abb., 2 Farbtafeln, DM 10,—

HEFT 156
Prof. Dr.-Ing. B. von Borries und Mitarbeiter, Düsseldorf
Die Entwicklung regelbarer permanentmagnetischer Elektronenlinsen hoher Brechkraft und eines mit ihnen ausgerüsteten Elektronenmikroskopes neuer Bauart
1956, 102 Seiten, 52 Abb., DM 22,55

HEFT 157
Dr. W. Jawtusch, Dr. G. Schuster und Prof. Dr.-Ing. R. Jaeckel, Bonn
Untersuchungen über die Stoßvorgänge zwischen neutralen Atomen und Molekülen
1955, 48 Seiten, 15 Abb., 3 Tabellen, DM 10,50

HEFT 158
Dipl.-Ing. W. Rosenkranz, Meinerzhagen
Ein Beitrag zum Problem der Spannungskorrosion bei Preßprofilen und Preßteilen aus Aluminium-Legierungen
1956, 112 Seiten, 61 Abb., 5 Tabellen, DM 27,40

HEFT 159
Dr.-Ing. O. Viertel und O. Oldenroth, Krefeld
Das Bleichen von Weißwäsche mit Wasserstoffsuperoxyd bzw. Natriumhypochlorit beim maschinellen Waschen
1955, 54 Seiten, 23 Abb., 2 Tabellen, DM 11,45

HEFT 160
Prof. Dr. W. Klemm, Münster
Über neue Sauerstoff- und Fluor-haltige Komplexe
1955, 50 Seiten, 13 Abb., 7 Tabellen, DM 10,80

HEFT 161
Prof. Dr. W. Weltzien und Dr. G. Hauschild, Krefeld
Über Silikone und ihre Anwendung in der Textilveredlung
1955, 162 Seiten, 22 Abb., 10 Tabellen, DM 27,—

HEFT 162
Prof. Dr. F. Wever, Prof. Dr. A. Kochendörfer und Dr.-Ing. Chr. Rohrbach, Düsseldorf
Kennzeichnung der Sprödbruchneigung von Stählen durch Messung der Fließspannung, Reißspannung und Brucheinschnürung an dreiachsig beanspruchten Proben
1955, 58 Seiten, 26 Abb., DM 13,—

HEFT 163
Dipl.-Ing. W. Rohs und Text.-Ing. H. Griese, Bielefeld
Untersuchungsarbeiten zur Verbesserung des Leinenwebstuhls III
1955, 80 Seiten, 15 Abb., 18 Tabellen, DM 15,80

HEFT 164
Dr.-Ing. H. Schmachtenberg, Köln
Neuartige Prüfeinrichtungen für Kraftfahrzeuge
1955, 44 Seiten, 23 Abb., DM 9,60

HEFT 165
Dr.-Ing. W. Wilhelm, Aachen
Instationäre Gasströmung im Auspuffsystem eines Zweitaktmotors
1955, 62 Seiten, 31 Abb., 8 Tabellen, DM 13,60

HEFT 166
Prof. Dr. M. v. Stackelberg, Dr. H. Heindze, Dr. H. Hübschke und Dr. K. H. Frangen, Bonn
Kolloidchemische Untersuchungen
1955, 106 Seiten, 8 Abb., 13 Tabellen, DM 21,25

HEFT 167
Prof. Dr.-Ing. F. Schuster, Essen
I. Über die Heißkarburierung von Brenngasen mit Ölen und Teeren
II. Die Strahlungsvorgänge in brennstoffbeheizten Öfen bei verschiedenen Verbrennungsatmosphären
1955, 38 Seiten, 8 Abb., DM 8,30

HEFT 168
Prof. Dr.-Ing. F. Schuster, Essen
I. Luftvorwärmung an Gasfeuerungen
II. Heizwerthöhe von Brenngasen und Wirkungsgrad sowie Gasverbrauch bei der Gasverwendung
III. Sauerstoffangereicherte Luft und feuerungstechnische Kenngrößen von Brenngasen
1955, 60 Seiten, 18 Abb., DM 12,50

HEFT 169
Forschungsinstitut für Pigmente und Lacke, Stuttgart
Arbeiten über die Bestimmung des Gebrauchswertes von Lackfilmen durch physikalische Prüfungen
1955, 70 Seiten, 23 Abb., 4 Tabellen, DM 15,—

HEFT 170
Prof. Dr. F. Wever, Dr. A. Rose und Dipl.-Ing L. Rademacher, Düsseldorf
Anwendung der Umwandlungsschaubilder auf Fragen der Werkstoffauswahl beim Schweißen und Flammhärten
1955, 64 Seiten, 25 Abb., DM 13,70

WESTDEUTSCHER VERLAG · KÖLN UND OPLADEN

HEFT 171
Wäschereiforschung Krefeld
Untersuchung der Wäscheentwässerung mit Hilfe von Zentrifugen und Pressen
1955, 42 Seiten, 16 Abb., 4 Tabellen, DM 9,70

HEFT 172
Dipl.-Ing. W. Rohs, Dr.-Ing. G. Satlow und Text.-Ing. G. Heller, Bielefeld
Trocknung von Hanfgarnen. Kreuzspultrocknung
1955, 60 Seiten, 7 Abb., 4 Tabellen, DM 10,30

HEFT 173
Prof. Dr. R. Hosemann und Dipl.-Phys. G. Schoknecht, Berlin, vorgelegt von Prof. Dr. W. Kast, Krefeld
Lichtoptische Herstellung und Diskussion der Faltungsquadrate parakristalliner Gitter
1956, 108 Seiten, 63 Abb., 6 Tabellen, DM 24,70

HEFT 174
Prof. Dr. W. von Fragstein, Dr. J. Meingast und H. Hoch, Köln
Herstellung von Solen einheitlicher Teilchengröße und Ermittlung ihrer optischen Eigenschaften
1955, 78 Seiten, 80 Abb., 4 Tabellen, DM 18,25

HEFT 175
Dr.-Ing. H. Zeller, Aachen
Beitrag zur eindimensionalen stationären und nichtstationären Gasströmung mit Reibung und Wärmeleitung, insbesondere in Rohren mit unstetigen Querschnittsänderungen.
1956, 138 Seiten, 56 Abb., DM 22,30

HEFT 176
Dipl.-Ing. H. Schöberl, Duisburg
Über die Methoden zur Ermittlung der Verbrennungstemperatur von Brennstoffen und ein Vorschlag zu ihrer Verbesserung
1955, 30 Seiten, 3 Abb., DM 6,50

HEFT 177
Dipl.-Ing. H. Stüdemann, Solingen, und Dr.-Ing. W. Müchler, Essen
Entwicklung eines Verfahrens zur zahlenmäßigen Bestimmung der Schneideigenschaften von Messerklingen
1956, 104 Seiten, 68 Abb., 4 Tabellen, DM 22,20

HEFT 178
Prof. Dr. M. von Stackelberg u. Dr. W. Hans, Bonn
Untersuchungen zur Ausarbeitung und Verbesserung von polarographischen Analysenmethoden
1955, 46 Seiten, 14 Abb., DM 10,50

HEFT 179
Dipl.-Ing. H. F. Reineke, Bochum
Entwicklungsarbeiten auf dem Gebiete der Meß- und Regeltechnik
1955, 46 Seiten, 10 Abb., DM 13,—

HEFT 180
Dr.-Ing. W. Piepenburg, Dipl.-Ing. B. Bühling und Bauing. J. Behnke, Köln
Putzarbeiten im Hochbau und Versuche mit aktiviertem Mörtel und mechanischem Mörtelauftrag
1955, 116 Seiten, 31 Abb., 68 Tabellen, DM 23,—

HEFT 181
Prof. Dr. W. Franz, Münster
Theorie der elektrischen Leitvorgänge in Halbleitern und isolierenden Festkörpern bei hohen elektrischen Feldern
1955, 28 Seiten, 2 Abb., 1 Tabelle, DM 6,20

HEFT 182
Dr.-Ing. P. Schenk u. Dr. K. Osterloh, Düsseldorf
Katalytisch-thermische Spaltung von gasförmigen und flüssigen Kohlenwasserstoffen zur Spitzengaserzeugung
1955, 50 Seiten, 11 Abb., 11 Tabellen, DM 10,90

HEFT 183
Dr. W. Bornheim, Köln
Entwicklungsarbeiten an Flaschen- und Ampullen-Behandlungsmaschinen für die pharmazeutische Industrie
1956, 48 Seiten, 24 Abb., DM 11,70

HEFT 184
Dr.-Ing. E. Printz, Kettwig
Vollhydraulische Parallel-Kupplung für Ackerschlepper
1955, 32 Seiten, 4 Abb., DM 7,20

HEFT 185
Dipl.-Ing. W. Rohs und Text.-Ing. G. Heller, Bielefeld
Studien an einem neuzeitlichen Kreuzspultrockner für Bastfasergarne mit Wiederbefeuchtungszone
1955, 52 Seiten, 9 Abb., 3 Tabellen, DM 10,70

HEFT 186
Dr. E. Wedekind, Krefeld
Untersuchungen zur Arbeitsgestaltung bei der Fertigstellung von Oberhemden in gewerblichen Wäschereien
1955, 124 Seiten, 28 Abb., 6 Tabellen, 2 Falttaf., DM 12,—

HEFT 187
Dipl.-Ing. F. Göttgens, Essen
Über die Eigenarten der Bimetall-, Thermo- und Flammenionisationssicherungsmethode in ihrer Anwendung auf Zündsicherungen
1955, 40 Seiten, 6 Abb., 4 Tabellen, DM 8,40

HEFT 188
W. Kinnebrock, Langenberg (Rhld.)
Der Einfluß des Austausches gleicher Gaskochbrenner bzw. Gaskochbrennerteile auf den Wirkungsgrad und insbesondere auf den CO-Gehalt der Verbrennungsgase
1955, 42 Seiten, 7 Tabellen, DM 8,70

HEFT 189
Fa. E. Leybold's Nachfolger, Köln
I. Ausgewählte Kapitel aus der Vakuumtechnik
II. Zum Verlust anorganisch-nichtflüchtiger Substanzen während der Gefriertrocknung
1955, 52 Seiten, 16 Abb., 3 Tabellen, DM 11,20

HEFT 190
Prof. Dr. A. Neuhaus, Prof. Dr. O. Schmitz-DuMont und Dipl.-Chem. H. Reckhard, Bonn
Zur Kenntnis der Alkalititanate
1955, 60 Seiten, 13 Abb., 1 Tabelle, DM 12,20

HEFT 191
Dr. H. Söhngen, Darmstadt
Schwingungsverhalten eines Schaufelkranzes im Vakuum *1955, 36 Seiten, 7 Abb., DM 7,80*

HEFT 192
Dipl.-Phys. E. M. Schneider, München
Kohlebogenlampen für Aufnahme und Kopie
1955, 48 Seiten, 21 Abb., 3 Tabellen, DM 10,60

HEFT 193
Prof. Dr. O. Schmitz-DuMont, Bonn
Untersuchungen über neue Pigmentfarbstoffe
1956, 50 Seiten, 16 Abb., 8 Tabellen, DM 11,20

HEFT 194
Dr. K. Hecht, Köln
Entwicklung neuartiger physikalischer Unterrichtsgeräte *1955, 42 Seiten, 16 Abb., DM 9,90*

HEFT 195
Dr.-Ing. E. Rößger, Köln
Gedanken über einen neuen deutschen Luftverkehr
1955, 342 Seiten, 29 Abb., 122 Tabellen, DM 50,—

HEFT 196
Dipl.-Ing. W. Rohs und Text.-Ing. H. Griese, Bielefeld
Auswirkungen von Garnfehlern bei der Verarbeitung von Leinengarnen
1955, 36 Seiten, 3 Abb., 6 Tabellen, DM 7,80

HEFT 197
Dr. E. Wedekind, Krefeld
Untersuchungen zur Bestimmung der optimalen Arbeitsplatzgröße bei Mehrstuhlarbeit in der Weberei
1955, 92 Seiten, 34 Abb., DM 18,50

HEFT 198
Prof. Dr. J. Weissinger, Karlsruhe
Zur Aerodynamik des Ringflügels. Die Druckverteilung dünner, fast drehsymmetrischer Flügel in Unterschallströmung *1955, 42 Seiten, 5 Abb., DM 9,—*

HEFT 199
Textilforschungsanstalt Krefeld
Die Messung von Gewebetemperaturen mittels Temperaturstrahlung
1955, 50 Seiten, 12 Abb., DM 10,90

HEFT 200
R. Seipenbusch, Langenberg (Rhld.)
Spitzengas durch Zusatz von Flüssiggas-Wassergas- und Flüssiggas-Generatorgas-Gemischen zu Stadtgas
1955, 48 Seiten, 21 Abb., DM 10,35

HEFT 201
Dr.-Ing. E. W. Pleines, Frankfurt/Main
Die Sicherheit im Luftverkehr
1956, 194 Seiten, 39 Abb., 19 Tabellen, DM 39,50

HEFT 202
Dipl.-Ing. D. Fiecke, Stuttgart/Zuffenhausen
Die Bestimmung der Flugzeugpolaren für Entwurfszwecke. I. Teil: Unterlagen
1956, 216 Seiten, 171 Diagr., DM 59,70

HEFT 203
Dr. G. Wandel, Bonn
Uferbewachsung und Lebendverbauung an den Nordwestdeutschen Kanälen und ihren Zuflüssen sowie an der Ruhr *1956, 122 Seiten, 88 Abb., DM 25,70*

HEFT 204
Dipl.-Ing. B. Naendorf, Langenberg (Rhld.)
Bestimmung der Brenneigenschaften und des Brennverhaltens verschiedener Gasarten und Einfluß verschiedener Düsengestaltung
1955, 32 Seiten, DM 7,10

HEFT 205
Dr. C. Schaarwächter, Düsseldorf
Über plastische Kupfer-Eisen-Phosphor-Legierungen
1956, 36 Seiten, 10 Abb., 10 Tabellen, DM 8,30

HEFT 206
Dr. P. Hölemann, Ing. R. Hasselmann und Ing. G. Dix, Dortmund
Untersuchungen über die Vorgänge bei der Zersetzung von in Azeton gelöstem Azetylen
1956, 74 Seiten, 7 Abb., 7 Tabellen, DM 15,55

HEFT 207
Prof. Dr.-Ing. H. Opitz, Dipl.-Ing. K. H. Fröhlich und Dipl.-Ing. H. Siebel, Aachen
Richtwerte für das Fräsen von unlegierten und legierten Baustählen mit Hartmetall. I. Teil
1956, 48 Seiten, 27 Abb., 3 Tabellen, DM 11,10

HEFT 208
Prof. Dr.-Ing. H. Müller, Essen
Untersuchung von Elektrowärmegeräten für Laienbedienung hinsichtlich Sicherheit und Gebrauchsfähigkeit. I. Untersuchungen an Kochplatten
1956, 100 Seiten, 76 Abb., 7 Tabellen, DM 22,70

HEFT 209
Dr. K. Bunge, Leverkusen
Materialabbau in Funkenentladungen. Untersuchungen an Zinkkathoden
1956, 54 Seiten, 10 Abb., 5 Tabellen, DM 11,40

HEFT 210
Dr. W. Porschen und Prof. Dr. W. Riezler, Bonn
Langlebige Alphaaktivitäten bei natürlichen Elementen
1955, 40 Seiten, 5 Abb., 4 Tabellen, DM 8,80

HEFT 211
Prof. Dipl.-Ing. W. Sturtzel und Dr.-Ing. W. Graff, Duisburg
Die Versuchsanstalt für Binnenschiffbau, Duisburg
1956, 48 Seiten, 22 Abb., 11,—

HEFT 212
Dipl.-Ing. H. Spodig, Selm
Untersuchung zur Anwendung der Dauermagnete in der Technik *1955, 44 Seiten, 25 Abb., DM 9,80*

HEFT 213
Dipl.-Ing. K. F. Rittinghaus, Aachen
Zusammenstellung eines Meßwagens für Bau- und Raumakustik
1957, 56 Seiten 17 Abb., 7 Tabellen DM 19,80

HEFT 214
Dr.-Ing. J. Endres, München
Berechnung der optimalen Leistungen, Kraftstoffverbräuche und Wirkungsgrade von Einkreis-Turbolader-Strahltriebwerken am Boden und in der Höhe bei Fluggeschwindigkeiten von 0—2000 km/h
1956, 72 Seiten, 18 Abb., 8 Tabellen, DM 15,40

HEFT 215
Prof. Dr.-Ing. H. Opitz und Dr.-Ing. G. Weber, Aachen
Einfluß der Wärmebehandlung von Baustählen auf Spanentstehung, Schnittkraft- und Standzeitverhalten
1956, 80 Seiten, 30 Abb., 10 Tabellen, DM 18,40

HEFT 216
Dr. E. Kloth, Köln
Untersuchungen über die Ausbreitung kurzer Schallimpulse bei der Materialprüfung mit Ultraschall
1956, 90 Seiten, 60 Abb., 4 Tabellen, DM 19,40

HEFT 217
Rationalisierungskuratorium der Deutschen Wirtschaft (RKW), Frankfurt/Main
Typenvielzahl bei Haushaltgeräten und Möglichkeiten einer Beschränkung
1956, 328 Seiten, 2 Abb., 181 Tabellen, DM 49,50

HEFT 218
Dr. F. Keune, Aachen
Bericht über eine Theorie der Strömung um Rotationskörper ohne Anstellung bei Machzahl Eins
1955, 40 Seiten, 8 Abb., 5 Formelblätter, DM 8,80

WESTDEUTSCHER VERLAG · KÖLN UND OPLADEN

HEFT 219
Prof. Dr. W. Fuchs, Aachen
Untersuchungen zur Holzabfallverwertung und zur Chemie des Lignins
1955, 54 Seiten, 11 Abb., 15 Tabellen DM 11,40

HEFT 220
Prof. Dr. W. Fuchs, Aachen
Die Entwicklung neuer Regel- und Kontroll-Apparate zur coulometrischen Analyse
1956, 76 Seiten, 17 Abb. 23 Tabellen, DM 15,50

HEFT 221
Dr. W. Meyer-Eppler, Bonn
Experimentelle Untersuchungen zum Mechanismus von Stimme und Gehör in der lautsprachlichen Kommunikation
1955, 56 Seiten, 24 Abb., DM 13,45

HEFT 222
Dr. L. Köllner, Münster, und Dipl.-Volkswirt M. Kaiser, Bochum
Die internationale Wettbewerbsfähigkeit der westdeutschen Wollindustrie
1956, 214 Seiten, DM 39,50

HEFT 223
Dr.-Ing. K. Alberti und Dr. F. Schwarz, Köln
Über das Problem Hartbrand-Weichbrand
1956, 54 Seiten, 25 Abb., 14 Tabellen, DM 12,10

HEFT 224
Dipl.-Ing. H. Stüdemann und Ing. R. Beu, Solingen
Verfahren zur Prüfung der Korrosionsbeständigkeit von Messerklingen aus rostfreiem Stahl
1956, 82 Seiten, 28 Abb., DM 16,90

HEFT 225
Dr.-Ing. E. Barz, Remscheid
Der Spannungszustand von Gattersägeblättern
1956, 74 Seiten, 54 Abb., DM 16,50

HEFT 226
Technisch-wissenschaftliches Büro für die Bastfaserindustrie, Bielefeld
Untersuchungen zur Verbesserung des Leinenwebstuhles IV
Die Wirkung verschiedener Kettbaumbremsen auf die Verwebung von Leinengarnen
1956, 64 Seiten, 9 Abb., 4 Tabellen, DM 13,50

HEFT 227
Prof. Dr. F. Wever, Düsseldorf und Dr. W. Wepner, Köln
Untersuchung der Alterungsneigung von weichen unlegierten Stählen durch Härteprüfung bei Temperaturen bis 300 Grad C
1956, 34 Seiten, 20 Abb., 3 Tabellen, DM 7,95

HEFT 228
Prof. F. Wever, Dr. W. Koch, Düsseldorf, und Dr. B. A. Steinkopf, Dortmund
Spektrochemische Grundlagen der Analyse von Gemischen aus Kohlenmonoxyd, Wasserstoff und Stickstoff
1956, 42 Seiten, 18 Abb., 1 Tabelle, DM 9,90

HEFT 229
Prof. F. Wever, Dr. W. Koch und Dr.-Ing. H. Malissa, Düsseldorf
Über die Anwendung disubstituierter Dithiocarbamate der analytischen Chemie
1956, 44 Seiten, 30 Abb., 5 Tabellen, DM 10,50

HEFT 230
Prof. Dr. F. Wever, Düsseldorf, und Dr. W. Wepner, Köln
Bestimmung kleiner Kohlenstoffgehalte im Alpha-Eisen durch Dämpfungsmessung
1956, 34 Seiten, 5 Abb., 2 Tabellen, DM 7,70

HEFT 231
Dr.-Ing. W. Küch, Dortmund
Über die Wechselwirkung zwischen Holzschutzbehandlung und Verleimung
1956, 48 Seiten, 10 Abb., 8 Tabellen, DM 10,40

HEFT 232
Prof. Dr.-Ing. O. Kienzle, Hannover, und Dr.-Ing. H. Münnich, Schweinfurt
Feststellung der Spannungen und Dehnungen und Bruchdrehzahlen der unter Fliehkraft und Bearbeitungskraft beanspruchten Schleifkörper
in Vorbereitung

HEFT 233
Dr. H. Haase, Hamburg
Infrarot-Bibliographie *1956, 90 Seiten, DM 17,80*

HEFT 234
Dr.-Ing. K. G. Speith und Dr.-Ing. A. Bungeroth, Duisburg
Versuche zur Steigerung des Kokillen-Schluckvermögens beim Stranggießen von Stahl
1956, 26 Seiten, 5 Abb., DM 6,15

HEFT 235
Prof. Dr.-Ing. K. Leist und Dipl.-Ing. W. Dettmering, Aachen
Turbinenschaufeln aus Kunststoff für Kaltluftversuchsanlagen
1956, 46 Seiten, 43 Abb., 3 Tabellen, DM 12,30

HEFT 236
Dr.-Ing. O. Viertel und S. Lucas, Krefeld
Ergebnisse einer Hausfrauenbefragung über Wascheinrichtungen und Waschmethoden in städtischen Haushaltungen
1956, 34 Seiten, 4 Abb., DM 7,60

HEFT 237
Dr. P. Endler und Dr. H. Ludes, Köln
Bericht über eine Studienreise zur Orientierung der heutigen Behandlung der Lungentuberkulose in den Vereinigten Staaten von Nordamerika
1956, 32 Seiten, DM 7,10

HEFT 238
Institut für textile Meßtechnik, M.-Gladbach, e. V.
Untersuchungen der Verzugsvorgänge an den Streckwerken verschiedener Spinnereimaschinen. 3. Bericht: Theoretische Betrachtungen über den Einfluß schlagender Zylinder und Druckrollen
1956, 66 Seiten, 21 Abb., DM 14,10

HEFT 239
Prof. Dr.-Ing. K. Leist, Dipl.-Ing. H. Scheele, Aachen, und Dipl.-Ing. F. H. Flottmann, Herne
Versuche an einem neuartigen luftgekühlten Hochleistungs-Kolbenkompressor
1956, 72 Seiten, 19 Abb., 7 Tabellen, DM 14,40

HEFT 240
Prof. Dr.-Ing. K. Leist und Dipl.-Ing. H. Scheele, Aachen
Temperaturmessungen an einem einstufigen luftgekühlten 4-Zylinder-Kolbenkompressor mit Kühlgebläse
1956, 74 Seiten, 36 Abb., DM 14,80

HEFT 241
Prof. Dr.-Ing. K. Leist und Dipl.-Ing. M. Pötke, Aachen
Leistungsversuche an einem Kühlluftgebläse
1956, 60 Seiten, 13 Abb., DM 11,70

HEFT 242
Prof. Dr.-Ing. K. Leist und Dipl.-Ing. K. Graf, Aachen
Straßenfahrzeuge mit Gasturbinenantrieb
1956, 82 Seiten, 63 Abb., DM 17,20

HEFT 243
Prof. Dr.-Ing. K. Leist und Dipl.-Ing. S. Förster, Aachen
Die französische Kleingasturbine Artouste — 1. Teil
1956, 80 Seiten, 41 Abb., DM 15,85

HEFT 244
Prof. Dr. F. Wever, Dr. W. Koch und Dr. S. Eckhard, Düsseldorf
Erfahrungen mit der spektrochemischen Analyse von Gefügebestandteilen des Stahles
1956, 32 Seiten, 8 Abb., 2 Tabellen, DM 7,80

HEFT 245
Prof. Dr.-Ing. habil. K. Krekeler, Aachen
Das Verbinden von Metallen durch Kunstharzkleber. Teil I: Eigenschaften und Verwendung der Metallklebstoffe
1956, 48 Seiten, 8 Abb., DM 10,25

HEFT 246
Prof. Dr.-Ing. habil. K. Krekeler, Aachen
Das Verbinden von Metallen durch Kunstharzkleber. Teil II: Untersuchungen an geklebten Leichtmetall-Verbindungen
1956, 80 Seiten, 40 Abb., DM 17,50

HEFT 247
Dr. H. Söhngen, Darmstadt
Strömung vor einem Überschall-Laufrad
1956, 26 Seiten, 4 Abb., DM 7,60

HEFT 248
Rheinische Aktiengesellschaft für Braunkohlenbergbau und Brikettfabrikation, Köln
Untersuchung der Bindemitteleigenschaften von Braunkohlenfilteraschen
1956, 176 Seiten, 26 Abb., 30 Tabellen, DM 35,60

HEFT 249
Dr. M.-E. Meffert, Essen
Weitere Kulturversuche Scenedesmus obliquus
1956, 36 Seiten, 5 Abb., 10 Tabellen, DM 8,—

HEFT 250
Dr. F. Schwarz und Dr.-Ing. K. Alberti, Köln
Entwicklung von Untersuchungsverfahren zur Gütebeurteilung von Industriekalken
1956, 36 Seiten, 9 Abb., DM 16,50

HEFT 251
Prof. Dr. H. Bittel, Münster
Zur Statistik der ferromagnetischen Elementarvorgänge und ihren Einfluß auf das Barkhausenrauschen
1956, 52 Seiten, 14 Abb., DM 11,65

HEFT 252
Dipl.-Ing. H. Frings, Geilenkirchen
Die Wirkung abfallender Wetterführung auf Wettertemperatur, Grubengasgehalt und Staubbildung
1957, 126 Seiten, 23 Abb., 13 Falttafeln, 38 Tab., DM 35,70

HEFT 253
Dipl.-Ing. S. Schirmanski, Berghausen
Stand und Auswertung der Forschungsarbeiten über Temperatur- und Feuchtigkeitsgrenzen bei der bergmännischen Arbeit
1957, 80 Seiten, 24 Abb., 12 Tab., DM 17,10

HEFT 254
Prof. Dr. R. Danneel, Bonn
Quantitative Untersuchungen über die Entwicklung des Ehrlich-Ascitestumors bei Inzuchtmäusen
1956, 52 Seiten, 17 Tabellen, DM 11,75

HEFT 255
Ing. B. v. Schlippe, Bad Nauheim
Strömung von Flüssigkeiten mit temperaturabhängiger Zähigkeit (Kühlung von Öfen)
1956, 54 Seiten, 12 Abb., 4 Tabellen, DM 11,70

HEFT 256
Prof. Dr. C. Schmieden und Dipl.-Math. K. H. Müller, Darmstadt
Die Strömung einer Quellstrecke im Halbraum — eine strenge Lösung der Navier-Stokes-Gleichungen
1956, 40 Seiten, 9 Abb., DM 8,80

HEFT 257
Prof. Dr. G. Lehmann und Dr. J. Tamm, Dortmund
Die Beeinflussung vegetativer Funktionen des Menschen durch Geräusche
1956, 48 Seiten, 25 Abb., 3 Tabellen, DM 11,20

HEFT 258
Dr. H. Paul, Linz (Rhein), und Prof. Dr. O. Graf, Dortmund
Zur Frage der Unfälle im Bergbau
1956, 52 Seiten, 9 Abb., 22 Tabellen, DM 11,20

HEFT 259
Prof. D. W. Linke, Aachen
Strömungsvorgänge in künstlich belüfteten Räumen
1956, 52 Seiten, 37 Abb., 1 Tabelle, DM 11,80

HEFT 260
Prof. Dr. W. Kast, Freiburg (Br.), Prof. Dr. A. H. Stuart und Dipl.-Phys. H. G. Fendler, Hannover
Lichtzerstreuungsmessungen an Lösungen hochpolymerer Stoffe
1956, 70 Seiten, 25 Abb., 5 Tabellen, DM 15,60

HEFT 261
Prof. Dr. W. Kast, Freiburg (Br.)
Feinstruktur-Untersuchungen an künstlichen Zellulosefasern verschiedener Herstellungsverfahren.
Teil II: Der Kristallisationszustand
1956, 80 Seiten, 27 Abb., 11 Tabellen, DM 17,20

HEFT 262
Dr.-Ing. W. Batel, Aachen
Untersuchungen zur Absiebung feuchter, feinkörniger Haufwerke und Schwingsieben
1956, 100 Seiten, 45 Abb., 5 Tabellen, DM 23,40

HEFT 263
Prof. Dr. H. Lange und Dipl.-Phys. R. Kohlhaas, Köln
Über die Wärmeleitfähigkeit von Stählen bei hohen Temperaturen: Teil I: Literaturbericht
1956, 48 Seiten, 8 Abb., 8 Tabellen, DM 10,70

HEFT 264
Prof. Dr. W. Weizel, Bonn
Durch schnelle Funkenzusammenbrüche ausgelöste Signale auf einer Leitung
1956, 26 Seiten, 4 Abb., 3 Tabellen, DM 6,10

HEFT 265
Prof. Dr. F. Micheel und Dr. R. Engel, Münster
Eine Apparatur zur elektrophoretischen Trennung von Stoffgemischen
1956, 38 Seiten, 21 Abb., DM 9,20

HEFT 266
Fliesen-Beratungsstelle Bad Godesberg-Mehlem
Güteeigenschaften keramischer Wand- und Bodenfliesen und deren Prüfmethoden
1956, 32 Seiten, DM 7,10

HEFT 267
Prof. Dr. W. Weizel und B. Brandt, Bonn
Zur Stabilität stromstarker Glimmentladungen
1956, 36 Seiten, 7 Abb., DM 8,40

WESTDEUTSCHER VERLAG · KÖLN UND OPLADEN

HEFT 268
Prof. Dr.-Ing. G. Vogelpohl, Göttingen
Über die Tragfähigkeit von Gleitlagern und ihre Berechnung
1956, 76 Seiten, 24 Abb., 7 Tabellen, DM 16,85

HEFT 269
Markscheider R. Bals, Bochum
Eignung des Gebirgsankerausbaus zur Erleichterung des Streckenvortriebs im Steinkohlenbergbau
1956, 84 Seiten, 41 Abb., DM 18,75

HEFT 270
Dr. H. Krebs und Mitarbeiter, Bonn
Die Trennung von Racematen auf chromatographischem Wege
1956, 62 Seiten, 18 Tabellen, DM 12,95

HEFT 271
Prof. Dr.-Ing. H. Opitz und Dipl.-Ing. H. Axer, Aachen
Beeinflussung des Verschleißverhaltens bei spanenden Werkzeugen durch flüssige und gasförmige Kühlmittel und elektrische Maßnahmen
1956, 46 Seiten, 28 Abb., DM 10,70

HEFT 272
Prof. Dr. W. Fuchs und Dr. H. Dresia, Aachen
Untersuchungen über die Schnellverbrennung und Schnellvergasung fester Brennstoffe
1956, 56 Seiten, 14 Abb., 3 Tabellen, DM 11,90

HEFT 273
Fa. K. W. Tacke G.m.b.H., Wuppertal-Barmen
Erfahrungen beim Verspinnen von Perlonfasern und bei der Herstellung von Trikotagen aus gesponnenem Perlon
1956, 36 Seiten, DM 7,90

HEFT 274
Prof. Dr.-Ing. K. Krekeler, Aachen
Qualitative Untersuchungen bei Verbindungsschweißungen mittels Lichtbogenschweißautomaten unter Verwendung von Blankdraht und Zugabe von ferromagnetischem Pulver als Umhüllung
1956, 68 Seiten, 40 Abb., 8 Tabellen, DM 15,45

HEFT 275
Prof. Dr.-Ing. habil. K. Krekeler, Aachen, und Dipl.-Ing. H. Verhoeven, Aachen
Quantitative Untersuchungen von Punktschweißverbindungen an Tiefzieh- und Aluminiumblechen, die nach dem Argonarc-Punktschweißverfahren hergestellt werden
1956, 64 Seiten, 45 Abb., DM 14,60

HEFT 276
Fa. E. Haage, Mülheim (Ruhr)
Entwicklungsarbeiten im Apparatebau für Laboratorien
1956, 48 Seiten, 18 Abb., DM 10,50

HEFT 277
Dr.-Ing. W. Müchler, Essen
Untersuchung und zahlenmäßige Bestimmung der Schneideigenschaften von Messern mit besonderer Berücksichtigung rostfreier Messerstähle
1956, 60 Seiten, 27 Abb., 5 Tabellen, DM 13,20

HEFT 278
Dipl.-Ing. J. Stelter und Dipl.-Ing. H. Kickert, Aachen
I. Sichtbarmachung von Ultraschallfeldern unter Verwendung photographischer Emulsionsschichten
II. Methode zur Bestimmung der wirklichen Temperaturverhältnisse in Flüssigkeiten während der Beschallung (Nach einer Diplom-Arbeit von H. Schnitzler)
1956, 54 Seiten, 24 Abb., DM 12,75

HEFT 279
Dr. F. Keune, Aachen
Der gewölbte und verwundene Tragflügel ohne Dicke in Schallnähe
1956, 42 Seiten, 15 Abb., DM 9,25

HEFT 280
Dipl.-Ing. J. Stelter und Dipl.-Ing. E. Pfende, Aachen
Über Störerscheinungen bei Schallgeschwindigkeitsmessungen mittels der Interferometermethode
1956, 42 Seiten, 13 Abb., DM 9,60

HEFT 281
Prof. Dr.-Ing. K. Lürenbaum, Aachen
Der Meßwagen des Instituts für Maschinen-Dynamik der Deutschen Versuchsanstalt für Luftfahrt, Aachen
1956, 34 Seiten, 17 Abb., DM 8,60

HEFT 282
Bergrat a. D. Scherer, Bochum
Das B. T.-Schwelverfahren und seine Anwendung auf der Anlage Marienau
1956, 44 Seiten, 7 Abb., DM 9,50

HEFT 283
Prof. Dr. F. Wever und Dr.-Ing. W. Lueg, Düsseldorf
Warmstauchversuche zur Ermittlung der Formänderungsfestigkeit von Gesenkschmiede-Stählen
1956, 44 Seiten, 19 Abb., DM 9,90

Heft 284
Prof. Dr. F. Wever, Düsseldorf, Dr.-Ing. H. J. Wiester, Essen, Dr.-Ing. F. W. Straßburg, Duisburg, Prof. Dr.-Ing. H. Opitz, Aachen, und Dr.-Ing. K. H. Fröhlich, Köln
Einfluß des Gefüges auf die Zerspanbarkeit von Einsatz- und Vergütungsstählen
1957, 88 Seiten, 126 Abb., 11 Tab., DM 22,45

HEFT 285
Prof. Dr.-Ing. O. Kienzle, Dr.-Ing. K. Lange, Hannover, und Dipl.-Ing. H. Meinert, Osterode
Einfluß der Oberfläche auf das Verschleißverhalten von Schmiedegesenken
1956, 62 Seiten, 29 Abb., 8 Tabellen, DM 14,60

HEFT 286
Dr.-Ing. K. Lange, Hannover, Dipl.-Ing. H. Meinert, Osterode, unter Mitarbeit von Dr.-Ing. H. Arend, Mülheim (Ruhr)
Verschleißverhalten hartverchromter Schmiedegesenke
1956, 74 Seiten, 53 Abb., 6 Tabellen, DM 17,65

HEFT 287
Prof. Dr.-Ing. habil. K. Krekeler, Aachen
Änderungen der mechanischen Eigenschaftswerte thermoplastischer Kunststoffe bei Beanspruchung in verschiedenen Medien
1956, 62 Seiten, 23 Abb., 5 Tabellen, DM 13,70

HEFT 288
Dr. K. Brücker-Steinkuhl, Düsseldorf
Anwendung mathematisch-statischer Verfahren in der Industrie
1956, 103 Seiten, 27 Abb., 14 Tabellen, DM 24,20

HEFT 289
Prof. Dr.-Ing. H. Winterhager, Aachen
Kombinierter Widerstands- und Lichtbogen-Vakuumofen zur Verarbeitung von Titanschwamm
Prof. Dr. Dr. h. c. R. Schwarz, Aachen
Erforschung neuer Wege zur Darstellung von Titanmetall
1957, 42 Seiten, 18 Abb., DM 9,70

HEFT 290
Dr. D. Horstmann, Düsseldorf
I. Der verstärkte Angriff des Zinks auf Eisen im Temperaturgebiet um 500° C
II. Einfluß eines Antimongehaltes auf den Angriff von Zinkschmelzen auf Eisen
1956, 48 Seiten, 33 Abb., 3 Tabellen, DM 11,90

HEFT 291
Dr.-Ing. H. J. Wiester und Dr. D. Horstmann, Düsseldorf
Der Angriff eisengesättigter Zinkschmelzen auf silizium- und manganhaltiges Eisen
1956, 52 Seiten, 45 Abb., 8 Tabellen, DM 12,60

HEFT 292
Dipl.-Ing. W. Rohs und Text.-Ing. H. Griese, Bielefeld
Webversuche an Leinenwebstühlen mit verbesserter Schaftbewegung
1956, 34 Seiten, 3 Abb., 2 Tabellen, DM 7,60

HEFT 293
Prof. J. W. Korte, unter Mitarbeit von Dipl.-Ing. P. A. Mäcke und Dipl.-Ing. W. Leutzbach, Aachen
Die Leistungsfähigkeit von Verkehrsanlagen des motorisierten städtischen Straßenverkehrs
1956, 98 Seiten, 35 Abb., 5 Tabellen, 1 Falttafel, DM 22,50

HEFT 294
Dipl.-Ing. B. Naendorf, Essen
Untersuchungen industrieller Gasbrenner
1956, 58 Seiten, 6 Abb., 3 Tabellen, DM 12,40

HEFT 295
Prof. Dr.-Ing. H. Opitz und Dipl.-Ing. H. Axer, Aachen
Untersuchung und Weiterentwicklung neuartiger elektrischer Bearbeitungsverfahren
1956, 42 Seiten, 27 Abb., DM 10,30

HEFT 296
Prof. Dr.-Ing. H. Opitz, Aachen
I. Untersuchungen an elektronischen Regelantrieben
II. Statische Untersuchungen zur Ausnutzung von Drehbänken
1956, 46 Seiten, 18 Abb., DM 10,40

HEFT 297
Dr. K. Schaarwächter, Düsseldorf
Die Reduktion von Siliziumtetrachlorid im Lichtbogen zur nachfolgenden Silizierung von Eisenblechen
in Vorbereitung

HEFT 298
Prof. Dr.-Ing. E. Oehler, Aachen
Untersuchungen von kritischen Drehzahlen, die durch Kreiselmomente verursacht werden
1956, 50 Seiten, 35 Abb., DM 13,15

HEFT 299
Dr. J. Fassbender und W. Hoppe, Bonn
Eine photoelektrische Nachlaufeinrichtung für Analogie-Rechenmaschinen
1956, 20 Seiten, 8 Abb., DM 7,65

HEFT 300
Prof. Dr. E. Schütz und Privatdozent Dr. H. Caspers, Münster
Tierexperimentelle Untersuchungen über die Alkoholwirkungen auf Erregbarkeit und bioelektrische Spontanaktivität der Hirnrinde
1956, 44 Seiten, 6 Abb., 1 Tabelle, DM 9,55

HEFT 301
Prof. Dr. W. Weltzien, Dr. G. Cossmann und P. Diehl, Krefeld
Über die fraktionierte Füllung von Polyamiden (II)
1956, 54 Seiten, 1 Abb., 16 Tabellen, DM 11,30

HEFT 302
Prof. Dr.-Ing. W. Wegener und Dipl.-Ing. W. Zahn, Aachen
Untersuchungen von gesponnenen Garnen auf ihre Gleichmäßigkeit nach verschiedenen Meßmethoden
1957, 58 Seiten, 34 Abb., DM 15,20

HEFT 303
Prof. Dr. Ing. S. Kiesskalt, Aachen
Das Institut der Forschungsgesellschaft Verfahrenstechnik e. V. an der Technischen Hochschule Aachen
1956, 76 Seiten, 20 Abb., 3 Tabellen, DM 16,40

HEFT 304
Prof. Dr.-Ing. K. Krekeler, Düsseldorf, und Dipl.-Ing. A. Kloine-Albers, Aachen
Beitrag zur thermoelastischen Warmformbarkeit von Hart-PVC
1957, 72 Seiten, 29 Abb., DM 17,70

HEFT 305
Prof. Dr.-Ing. K. Krekeler, Düsseldorf, Dr.-Ing. H. Peukert, Aachen, und Dipl.-Ing. W. Schmitz, Siegburg
Heißgas-Schweißung von Hart-Polyvinylchlorid mit Zusatzwerkstoff
1956, 44 Seiten, 27 Abb., 5 Tabellen, DM 12,50

HEFT 306
Prof. Dr. B. Rensch, Münster
Elektrophysiologische Untersuchungen zur Analysierung der Bildung von Assoziationen und Gedächtnisspuren in Gehirn und Rückenmark
Prof. Dr. A. Loeser, Münster
Akute und chronische Giftwirkungen sauerstoffhaltiger Lösungsmittel
1956, 36 Seiten, 9 Abb., DM 8,90

HEFT 307
Privatdozent Dr. J. Jailfs, Krefeld
Vergleichende Untersuchungen zur elastischen und bleibenden Dehnung von Fasern
1956, 36 Seiten, 11 Abb., DM 8,30

HEFT 308
Privatdozent Dr. J. Jailfs, Krefeld
Zur Messung der Fadenglätte
1956, 22 Seiten, 10 Abb., 2 Tabellen, DM 8,—

HEFT 309
Prof. Dr. K. Cruse und Mitarbeiter, Clausthal-Zellerfeld
Aufbau und Arbeitsweise eines universell verwendbaren Hochfrequenz-Titrationsgerätes
1957, 48 Seiten, 29 Abb., DM 11,90

HEFT 310
Dr. P. F. Müller, Bonn
Die Integrieranlage des Rheinisch-Westfälischen Instituts für Instrumentelle Mathematik in Bonn
1956, 62 Seiten, 6 Abb., 30 Satzskizzen, DM 14,45

HEFT 311
Prof. Dr. F. Wever und Dr. M. Hempel, Düsseldorf
Dauerschwingfestigkeit von Stählen bei erhöhten Temperaturen
Teil I: Erkenntnisse aus bisherigen Dauerschwingversuchen in der Wärme
1956, 48 Seiten, 19 Abb., 2 Tabellen, DM 10,90

HEFT 312
Prof. Dr. F. Wever und Dr. M. Hempel, Düsseldorf
Dauerschwingfestigkeit von Stählen bei erhöhten Temperaturen
Teil II: Zug-Druck-Dauerschwingversuche an zwei warmfesten Stählen bei Temperaturen von 500 bis 650°
1956, 48 Seiten, 20 Abb., 3 Tabellen, DM 13,—

WESTDEUTSCHER VERLAG · KÖLN UND OPLADEN

HEFT 313
*Prof. Dr. F. Wever, Dr. W. Koch und
Dipl.-Phys. H. Rohde, Düsseldorf*
Änderungen des Babitus und der Gitterkonstanten des
Zementits in Chromstählen bei verschiedenen Wärmebehandlungen
1956, 88 Seiten, 29 Abb., 8 Tabellen, DM 20,90

HEFT 314
*Prof. Dr. F. Wever, Dr.-Ing. A. Krisch, Düsseldorf,
und Dr.-Ing. H.-J. Wiester, Essen*
Veränderungen im Gefügeaufbau von Chrom-Nickel-
Molybdän-Stählen bei langzeitiger Beanspruchung im
Zeitstandversuch bei 500°
1956, 48 Seiten, 26 Abb., 5 Tabellen, DM 11,70

HEFT 315
Prof. Dr. F. Wever und Dr.-Ing. A. Krisch, Düsseldorf
Metallkundliche Untersuchungen an Zeitstandproben
1956, 38 Seiten, 12 Abb., DM 9,15

HEFT 316
Dr. F. Keune, Aachen
Zusammenfassende Darstellung und Erweiterung des
Aequivalenzsatzes für schallnahe Strömung
1956, 80 Seiten, 22 Abb., DM 17,90

HEFT 317
Dr.-Ing. J. Stelter, Aachen
Mikrobiologische Ultraschallwirkungen
1957, 106 Seiten, 41 Abb., 12 Tab., DM 23,90

HEFT 318
Dipl.-Ing. H. Kickert, Aachen
Über die Ausbreitung von Ultraschall in Luft
1957, 78 Seiten, 51 Abb., 7 Tab., DM 19,20

HEFT 319
Prof. Dr. C. Kröger, Aachen
Gemengereaktionen und Glasschmelze
1957, 118 Seiten, 53 Abb., 16 Tab., DM 26,—

HEFT 320
Dr. H.-E. Caspary, Köln
Verwendung von Szintillationszählern an Stelle von
Zählrohren zur zerstörungsfreien Materialprüfung
1956, 42 Seiten, 13 Abb., 2 Tabellen, DM 10,10

HEFT 321
*Prof. Dr. F. Wever, Düsseldorf, und
Dr. W. Wepner, Köln*
Gleichzeitige Bestimmung kleiner Kohlenstoff- und
Stickstoffgehalte im α-Eisen durch Dämpfungsmessung
1956, 30 Seiten, 3 Abb., 4 Tabellen, DM 6,80

HEFT 322
*Prof. Dr.-Ing. F. Bollenrath und
Dipl.-Ing. W. Domke, Aachen*
Eigenspannungen in vergüteten, dickwandigen Stahlzylindern nach Oberflächenhärtung mit induktiver Erwärmung
1956, 30 Seiten, 9 Abb., 2 Tabellen, DM 6,90

HEFT 323
Prof. Dr. R. Seyffert, Köln
Wege und Kosten der Distribution der Textilien, Schuh-
und Lederwaren
1956, 98 Seiten, 37 Tabellen, 1 Falttaf., DM 12,—

HEFT 324
*Prof. Dr.-Ing. H. Opitz, Dr.-Ing. E. Saljé und
Dipl.-Ing. K. E. Schwartz, Aachen*
Richtwerte für das Außenrund-Längs- und Einstechschleifen
1956, 62 Seiten, 44 Abb., 2 Tabellen, DM 13,85

HEFT 325
Prof. Dr. E. Schratz, Münster
Pharmakognostische Untersuchungen am Medizinal-
Rhabarber
1957, 62 Seiten, 29 Abb., 3 Tabellen, DM 17,90

HEFT 326
Prof. Dr.-Ing. E. Essers und Mitarbeiter, Aachen
Deichselkräfte an Lastzügen
in Vorbereitung

HEFT 327
*Prof. Dr.-Ing. habil. K. Krekeler und
Dr.-Ing. H. Peukert, Aachen*
Beitrag zur thermoelastischen Formbarkeit von Polyäthylen
1956, 56 Seiten, 49 Abb, 9 Tabellen, DM 12,80

HEFT 328
Dr. H. Maeder, Belo Horizonte
Schweißen von Temperguß
in Vorbereitung

HEFT 329
*Dipl.-Ing. A. Krüger, Karlsruhe, und Feuerwehr-Ing.
R. Radusch, Dortmund*
Wasserzerstäubung im Strahlrohr
1956, 86 Seiten, 21 Abb., 3 Tabellen, DM 18,65

HEFT 330
Dipl.-Physiker E. Pepping, Aachen
Die Durchflußzahl des Rechteckschlitzes in einer sehr
großen Wand
1957, 54 Seiten, 21 Abb., DM 12,35

HEFT 331
Dipl.-Ing. G. Bretschneider, Ruit
Die Messung der wiederkehrenden Spannung mit Hilfe
des Netzmodelles
1957, 46 Seiten, 21 Abb., 2 Tab., DM 11,20

HEFT 332
Prof. Dr.-Ing. R. Jaeckel und Dr. G. Reich, Bonn
Messung von Dampfdrucken im Gebiet unter 10^{-2} Torr
1956, 42 Seiten, 16 Abb., 2 Tabellen, DM 10,40

HEFT 333
*Prof. Dipl.-Ing. W. Sturtzel und
Dr.-Ing. W. Graff, Duisburg*
I. Der Flachwassereinfluß auf den Form- und Reibungswiderstand von Binnenschiffen
II. Der Flachwassereinfluß auf die Nachstrom- und
Sogverhältnisse bei Binnenschiffen
1956, 44 Seiten, 14 Abb., DM 9,80

HEFT 334
Prof. Dr. W. Weizel und Dr. G. Meister, Bonn
Spektralanalyse durch Messung des Interferenz-Kontrastes
1956, 42 Seiten, DM 9,80

HEFT 335
Prof. Dr. W. Weizel und H. Hornberg, Bonn
Untersuchungen der anodischen Teile einer Glimmentladung
1957, 62 Seiten, 14 Farbabh., 21 Abb., 1 Tab., DM 32,80

HEFT 336
Dr. Tung-ping Yao, Aachen
Die Viskosität metallischer Schmelzen
1957, 64 Seiten, 28 Abb., 2 Tab., DM 14,40

HEFT 337
Dr. R. Hoeppener und Dr. W. Bierther, Bonn
Tektonik und Lagerstätten im Rheinischen Schiefergebirge
1957, 66 Seiten, 14 Abb., DM 16,25

HEFT 338
*Prof. Dr.-Ing. W. Wegener, Aachen, und
Dipl.-Ing. J. Schneider, M.-Gladbach*
Die Bedeutung der Knotenart für die Herabminderung
der Fadenbrüche
1957, 40 Seiten, 6 Abb., DM 11,90

HEFT 339
*Dr.-Ing. W. Wegener und
Dipl.-Ing. W. Zahn, Aachen*
Vergleich des normalen mit verschiedenen abgekürzten
Baumwollspinnverfahren in bezug auf Gleichmäßigkeit
und Sortierungsstreuung der Garne
1956, 56 Seiten, 17 Abb., 17 Tabellen, DM 12,70

HEFT 340
Dipl.-Ing. W. Rohs und Dipl.-Ing. R. Otto, Bielefeld
Das Naßspinnen von Bastfasergarnen mit Spinnbadzusätzen unter Ausnutzung einer zentralen Spinnwasserversorgungsanlage
1956, 56 Seiten, 2 Abb., 6 Tabellen, DM 11,60

HEFT 341
*Prof. Dr.-Ing. H. Winterhager und Dipl.-Ing. L. Werner,
Aachen*
Präzisions-Meßverfahren zur Bestimmung des elektrischen Leitvermögens geschmolzener Salze
1956, 44 Seiten, 19 Abb., 1 Tabelle, DM 10,60

HEFT 342
*Prof. Dr.-Ing. H. Winterhager und Dipl.-Ing. W. Barthel,
Aachen*
Die Gewinnung von Titanschlackenkonzentraten aus
eisenreichen Ilemniten
1957, 60 Seiten, 30 Abb., 6 Tab., DM 13,30

HEFT 343
*Prof. Dr.-Ing. W. Petersen, Aachen, und Dipl.-Ing.
S. Wawroschek, Aachen*
Die zweckmäßigsten Gütebestimmungsverfahren und
Brikettierungsbedingungen bei der Erzeugung von
Braunkohlen-Eisenerz-Briketts
1956, 64 Seiten, 28 Abb., DM 13,95

HEFT 344
Prof. Dr.-Ing. W. Fucks, Aachen
Zur Deutung einfachster mathematischer Sprachcharakteristiken
1956, 38 Seiten, 12 Abb., DM 7,80

HEFT 345
Dipl.-Ing. G. Cerbe und Dipl.-Ing. H. Monstadt, Essen
Konvektive Trocknung mit gasbeheizter Luft und
Trocknung durch Gasstrahler
1957, 46 Seiten, 16 Abb., DM 10,40

HEFT 346
Dipl.-Ing. O. Arnold, Aachen
Erfahrungen mit Kernbohrungen zur Lagerstättenuntersuchung im Erzbergbau
1957, 36 Seiten, 2 Abb., 3 Falttaf. 6 Tab., DM 8,80

HEFT 347
S. Ruff, F. Kipp, H. Hansteen und G. Müller, Bonn
Untersuchungen zur Frage der Gehörschädigungen des
fliegenden Personals der Propellerflugzeuge
1957, 50 Seiten, 27 Abb., 3 Tab., DM 11,10

HEFT 348
*Prof. Dr.-Ing. E. Piwowarsky
und Dr.-Ing. E. G. Nickel, Aachen*
Metallurgie eines hochwertigen Gußeisens mit kompakter bis kugelförmiger Graphitausbildung
1957, 54 Seiten, 27 Abb., 5 Tab., DM 13,30

HEFT 349
*Dr.-Ing. W. A. Fischer, Dr.-Ing. H. Treppschuh
und Dipl.-Ing. K. H. Köthemann, Düsseldorf*
Tiegel aus Schmelzmagnesia für Vakuuminduktionsöfen
1957, 34 Seiten, 14 Abb. DM 8,40

HEFT 350
*Prof. Dr.-Ing. habil. K. Krekeler
und Dr.-Ing. H. Peukert, Aachen*
Das Spannungsverhalten der Kunststoffe bei der Verarbeitung
in Vorbereitung

HEFT 351
*Prof. Dr.-Ing. H. Opitz, Dipl.-Ing. H. Axer und
Dipl.-Ing. H. Rhode, Aachen*
Zerspanbarkeit hochwarmfester und nichtrostender
Stähle. Teil I
1957, 96 Seiten, 73 Abb., 2 Tab., DM 21,80

HEFT 352
Dipl.-Ing. H. Fauser, Aachen
Fahrdynamik und Batterie-Arbeitsverbrauch von
Akkumulatorenlokomotiven im Untertagebetrieb
in Vorbereitung

HEFT 353
Forschungsinstitut für Rationalisierung, Aachen
Schlagwortregister zur Rationalisierung
1957, 376 S., DM

HEFT 354
Dipl.-Ing. D. Wagener, Aachen
Auswirkungen neuer Gaserzeugungs-Verfahren unter
Berücksichtigung der Auswirkung auf den Kokereibetrieb
in Vorbereitung

HEFT 355
*Prof. Dr.-Ing. habil. K. Krekeler, Dr.-Ing. H. Peukert und
Dipl.-Ing. A. Kleine-Albers, Aachen*
Heißgas-Schweißungen von Weich-Polyvinylchlorid
mit Zusatzwerkstoff
in Vorbereitung

HEFT 356
Dipl.-Phys. G. Gurke, Aachen
Aufbau einer Meßanlage für Untersuchungen elektrischer Gasentladung im Bereiche großer p. d.-Werte
1956, 38 Seiten, 13 Abb., DM 8,65

HEFT 357
Prof. Dr.-Ing. W. Fucks, Aachen
Mathematische Analyse der Formalstruktur von Musik
in Vorbereitung

HEFT 358
*Prof. Dr. rer. nat. W. Weltzien, Dipl.-Chem. P. Ringel
und Text.-Ing. H. Kirchhoff, Krefeld*
Die Waschechtheit von Färbungen. Vergleichende Untersuchungen auf dem Gebiete der Echtheitsprüfung
in Vorbereitung

HEFT 359
Dr.-Ing. F. J. Meister, Düsseldorf
Veränderung der Hörschärfe, Lautheitsempfindung
und Sprachaufnahme während des Arbeitsprozesses bei
Lärmarbeitern
*1957, 84 Seiten, 11 Abb., 1 Tab., 40 Audiogramme,
40 Tab., DM 19,90*

HEFT 360
Dr.-Ing. E. Barz, Remscheid
Fertigungsverfahren und Spannungsverlauf bei Kreissägeblättern für Holz
1957, 72 Seiten, 40 Abb., DM 17,—

HEFT 361
Dipl.-Ing. H. F. Klein, Aachen
Die nichtstationären Strömungsvorgänge und der
Wärmeübergang in einem Schwingfeuergerät
1957, 84 Seiten, 34 Abb., 4 Falttafeln, DM 25,90

HEFT 362
*Prof. Dr. med. G. Lehmann und Dipl.-Phys.
D. Dieckmann, Dortmund*
Die Wirkung mechanischer Schwingungen (0,5 bis
100 Hertz) auf den Menschen
1957, 100 Seiten, 53 Abb., 6 Tab., DM 22,50

WESTDEUTSCHER VERLAG · KÖLN UND OPLADEN

HEFT 363
Dr.-Ing. U. Domm, Frankenthal (Pfalz)
Über eine Hypothese, die den Mechanismus der Turbulenz-Entstehung betrifft
1956, 28 Seiten, 4 Abb., DM 6,45

HEFT 364
Prof. Dr. Th. Beste, Köln
Die Mehrkosten bei der Herstellung ungängiger Erzeugnisse im Vergleich zur Herstellung vereinheitlichter Erzeugnisse
1957, 352 Seiten, DM 30,—

HEFT 365
Sozialforschungsstelle an der Universität Münster, Dortmund
Standort und Wohnort
1957, Textband: 350 Seiten, 28 Karten, 75 Tab.
Anlageband: 15 Karten, 21 Tab., DM 99,—

HEFT 366
Versuchsanstalt für Binnenschiffbau e. V., Duisburg
Bei Flachwasserfahrten durch die Strömungsverteilung am Boden und an den Seiten stattfindende Beeinflussung des Reibungswiderstandes von Schiffen
1957, 96 Seiten, 39 Abb., 28 Tab., DM 20,40

HEFT 367
Dr. rer. nat. D. Horstmann, Düsseldorf
Der Angriff eisengesättigter Zinkschmelzen auf kohlenstoff-, schwefel- und phosphorhaltiges Eisen
1957, 52 Seiten, 22 Abb., 6 Tab., DM 12,85

HEFT 368
Prof. Dr. phil. H. Kaiser, Dortmund
Entwicklung betriebsmäßiger spektrochemischer Analysenverfahren für technische Gläser
1957, 40 Seiten, 11 Abb., DM 9,10

HEFT 369
Prof. Dr.-Ing. R. Jaeckel und Dipl.-Phys. F. J. Schittke, Bonn
Gasabgabe von Werkstoffen ins Vakuum
1957, 48 Seiten, 20 Abb., 6 Tab., DM 12,30

HEFT 370
Dr. phil. habil. F. Schwarz, Köln
Physikochemische Grundlagen der Bildsamkeit von Kalken unter Einbeziehung des Begriffes der aktiven Oberfläche
in Vorbereitung

HEFT 371
Dr. phil. W. Lejeune, Köln
Beitrag zur statistischen Verifikation der Minderheiten-Theorie
in Vorbereitung

HEFT 372
Prof. Dr. phil. M. von Stackelberg, Bonn
Untersuchungen zur Ausarbeitung und Verbesserung von polarographischen Analysenmethoden. 2. Bericht
1957, 44 Seiten, 9 Abb., 7 Tab., DM 10,10

HEFT 373
Dipl.-Ing. H. J. Koch, Essen
Druckgasfeuerung — ein Verfahren zum Betrieb von Gasfeuerstätten
1957, 38 Seiten, 8 Abb., 10 Tab., DM 8,50

HEFT 374
Dr. E. Paproth, Krefeld
Paläontologische Bearbeitung der in den devonischen Schichten des Siegerlandes enthaltenen Faunen
1957, 38 Seiten, 3 Tab., DM 8,30

HEFT 375
Technischer Überwachungsverein e. V., Essen
Wanddickenmessungen mittels radioaktiver Strahlen und Zählrohrgerät
in Vorbereitung

HEFT 376
Technischer Überwachungsverein e. V., Essen
Wasserumlaufprobleme an Hochdruckkesseln
in Vorbereitung

HEFT 377
Technischer Überwachungsverein e. V., Essen
Versuche an Wanderrostkesseln mit befeuchteter Verbrennungsluft
in Vorbereitung

HEFT 378
Oberingenieur H. Stein, M.-Gladbach
Beobachtung und maßtechnische Erfassung der Vorgänge im Spinn- und Aufwindefeld von Ringspinn- und Ringzwirnmaschinen
in Vorbereitung

HEFT 379
Laboratorium für textile Meßtechnik, M.-Gladbach
Schußfadenspannung beim Weben
in Vorbereitung

HEFT 380
Dipl.-Phys. R. Trappenberg, Karlsruhe
Theoretische und experimentelle Untersuchungen zur Staubverteilung einer Rauchfahne
in Vorbereitung

HEFT 381
Dr. J. Juilfs, Krefeld
Zur Dichtebestimmung von Fasern. Methoden und Beispiele der praktischen Anwendung
in Vorbereitung

HEFT 382
Dr. phil. habil. P. Hölemann, Ing. R. Hasselmann und Ing. G. Dix, Dortmund
Die Messung von Flammen und Detonationsgeschwindigkeiten bei der explosiven Zersetzung von Acetylen in Rohren
1957, 36 Seiten, 7 Abb., 4 Tab., DM 8,10

HEFT 383
Dr. phil. habil. P. Hölemann und Ing. R. Hasselmann, Dortmund
Verlauf von Azetylenexplosionen in Rohren bei Gegenwart von porösen Massen
in Vorbereitung

HEFT 384
Prof. Dr.-Ing. H. Opitz, Aachen
Schwingungsuntersuchungen an Werkzeugmaschinen
in Vorbereitung

HEFT 385
Prof. Dr.-Ing. H. Opitz, Aachen
Zerspanbarkeit hochwarmfester und nichtrostender Stähle. Teil II
in Vorbereitung

HEFT 386
Prof. Dr.-Ing. H. Opitz, Aachen
Standzeituntersuchungen und Verschleißmessungen mit radioaktiven Isotopen
in Vorbereitung

HEFT 387
Prof. Dr. med. W. Kikuth und Dozent Dr. med. L. Grün, Düsseldorf
Die Verhütung von Infektion durch Desinfektion des Raumes und der Raumluft
in Vorbereitung

HEFT 388
Prof. Dr. rer. nat. habil. W. Baumeister und Dr. rer. nat. H. Burghardt, Münster
Die Bedeutung der Elemente Zink und Fluor für das Pflanzenwachstum
1957, 48 Seiten, 17 Tab., DM 10,20

HEFT 389
Prof. Dr.-Ing. habil. H. Fink und K. W. Hoppenhaus, Köln
Die biologische Eiweiß-Synthese von höheren und niederen Pilzen und die alimentäre Lebernekrose der Ratte
1957, 76 Seiten, 2 Abb., 24 Tab., DM 15,60

HEFT 390
Dr.-Ing. J. Endres und Dr.-Ing. G. Hiebel, München
Berechnung der optimalen Leistungen, Kraftstoffverbräuche und Wirkungsgrade von Luftfahrt-Gasturbinen-Triebwerken am Boden und in der Höhe bei Fluggeschwindigkeiten von 0—2000 km/h und bei vorgegebenen Düsenausströmgeschwindigkeiten
in Vorbereitung

HEFT 391
Prof. Dr. phil. F. Wever, Dr. phil. W. Koch und Dipl.-Chem. F. Stricker, Düsseldorf
Die quantitative spektrographische Analyse von Gasgemischen aus Kohlenmonoxyd, Wasserstoff und Stickstoff
in Vorbereitung

HEFT 392
Prof. Dr. phil. F. Wever u. a., Düsseldorf
Untersuchungen über den Konverterrauch im Hinblick auf die spektrale Überwachung des Thomasprozesses
in Vorbereitung

HEFT 393
Dr.-Ing. O. Viertel und S. Brückner-Lucas, Krefeld
Arbeitszeitstudien an Haushaltwaschmaschinen
in Vorbereitung

HEFT 394
Privatdozent Dr. med. W. Koch, Münster
Die Ablagerung radioaktiver Substanzen im Knochen
in Vorbereitung

HEFT 395
Dipl.-Ing. L. Hahn, Clausthal-Zellerfeld
Untersuchungen zur Frage des optimalen Bohrloch- und Patronendurchmessers
in Vorbereitung

HEFT 396
Prof. Dr.-Ing. F. Schultz-Grunow, Dr.-Ing. A. Jogerich, Essen, Dipl.-Ing. H. Meyer, cand. ing. P. Sand, Aachen
Untersuchungen des Luftwiderstandes von Güterwagen
in Vorbereitung

HEFT 397
Techn.-Wissenschaftliches Büro für die Bastfaserindustrie, Bielefeld
Ungleichmäßigkeiten in Bändern von Bastfaserkarden, ihre Ursachen und Auswirkungen
1957, 50 Seiten, 18 Abb., 1 Tab., DM 14,80

HEFT 398
Prof. Dr. habil. H. E. Schwiete, Aachen, u. a.
Einlagerungsversuche an synthetischem Mullit I. — Die Zusammensetzung der Schmelzphase in Schamottesteinen I
in Vorbereitung

HEFT 399
Prof. Dr. habil. H. E. Schwiete und Dr.-Ing. R. Vinkeloe, Aachen
Möglichkeiten der quantitativen Mineralanalyse mit dem Zählrohrgerät unter besonderer Berücksichtigung der Mineralgehaltsbestimmung von Tonen
in Vorbereitung

HEFT 400
Prof. Dr. phil. W. Fuchs und Dipl.-Chem. H. Weyerstrass, Aachen
Entwicklung eines Heißfilters zur Reinigung von Gichtgas eines mit Kohle betriebenen Niederschachtofens
in Vorbereitung

HEFT 401
Prof. Dr.-Ing. M. Lipp und Dipl.-Chem. G. Frielingsdorf, Aachen
Darstellung reaktionsfähiger Verbindungen des Camphansystems und Versuche zu deren Fluorierung
1957, 84 Seiten, DM 17,—

HEFT 402
Prof. Dr. W. Linke, Aachen
Die Wärmeübertragung durch Thermopane-Fenster
in Vorbereitung

HEFT 403
Prof. Dr.-Ing. P. Denzel und Dipl.-Ing. W. Cremer, Aachen
Verbesserung der Benutzungsdauer der Höchstlast in ländlichen Netzen durch Anwendung elektrischer Geräte in der Landwirtschaft
in Vorbereitung

HEFT 404
Prof. Dr. R. Jaeckel und Dipl.-Phys. F. Gross, Bonn
Die Löslichkeit von Gasen in schwerflüchtigen organischen Flüssigkeiten
1957, 46 Seiten, 17 Abb., 1 Tab., DM 11,50

HEFT 405
Prof. Dr.-Ing. H. Opitz und Dipl.-Ing. H. Schuler, Aachen
Untersuchungen für einen Wirtschaftlichkeitsvergleich der Feinbearbeitungsverfahren
in Vorbereitung

HEFT 406
W. Kirsch, Remscheid
Entwicklungsarbeiten auf dem Gebiete des Korrosionsschutzes
1957, 86 Seiten, 28 Abb., 11 Tabellen, DM 19,—

HEFT 407
Prof. Dr.-Ing. H. Schenk, Aachen, und Dr.-Ing. W. Wenzel, Bad Godesberg
Entwicklungsarbeiten auf dem Gebiete der Verhüttung von Erzstaub in Schmelzkammern
1957, 82 Seiten, 9 Abb., 18 Tabellen, DM 17,10

HEFT 408
Prof. Dr. phil. F. Wever, Dr.-Ing. W. Lueg und Dr.-Ing. H. G. Müller, Düsseldorf
Kraft- und Arbeitsbedarf beim Warmscheren von Stahl in Abhängigkeit von Temperatur und Schnittgeschwindigkeit
in Vorbereitung

WESTDEUTSCHER VERLAG · KÖLN UND OPLADEN

HEFT 409
Prof. Dr. phil. F. Wever, Dr. phil. W. Koch, Dr. rer. nat. Ch. Ilschner-Gensch und Dipl.-Phys. H. Rohde, Düsseldorf
Das Auftreten eines kubischen Nitrids in aluminiumlegierten Stählen
1957, 38 Seiten, 12 Abb., 3 Tabellen, DM 10,10

HEFT 410
Prof. Dr. phil. F. Wever, Prof. Dr. rer. techn. A. Kochendörfer, Dr. phil. nat. M. Hempel, Düsseldorf und Dipl.-Phys. E. Hillenhagen, Köln
Biegewechselversuche mit Flachproben aus Alpha-Eisen-Einkristallen zur Bestimmung der Wechselfestigkeit und der Gleitspuren
in Vorbereitung

HEFT 411
Prof. Dr. W. Halbsguth und Dr. L. Sommer, Frankfurt/M.
Grundlegende Versuche zur Keimungsphysiologie von Pilzsporen
in Vorbereitung

HEFT 412
Prof. Dr.-Ing. H. Opitz, Aachen
Kennwerte und Leistungsbedarf für Werkzeugmaschinengetriebe
in Vorbereitung

HEFT 413
Prof. Dr.-Ing. H. Opitz, Aachen
Richtwerte für das Fräsen von unlegierten und legierten Baustählen mit Hartmetall, Teil II
in Vorbereitung

HEFT 414
Dr. med. H. K. Parchwitz und Dr. med. C. Winkler, Bonn
Speicherung organischer Farbstoffe und künstlich radioaktiver Substanzen in Geschwülsten
in Vorbereitung

HEFT 415
Prof. Dr.-Ing. W. Paul, Dr. rer. nat. O. Osberghaus und Dipl.-Phys. E. Fischer, Bonn
Ein Ionenkäfig
in Vorbereitung

HEFT 416
Oberreg.-Gewerberat Dipl.-Ing. G. Steinicke, Hamburg
Die Wirkung von Lärm auf den Schlaf des Menschen
1957, 46 Seiten, 14 Abb., 8 Tab., DM 11,60

HEFT 417
Prof. Dr.-Ing. habil. E. Rößger, Berlin
I. Teil: Die Entwicklung des Weltluftverkehrs, Ergänzungsbericht 1954
II. Teil: Die zivile Luftfahrtpolitik der USA
1957, 230 Seiten, 6 Abb., 83 Tab., DM 48,—

HEFT 418
O. Gdaniec, Mülheim/Ruhr
Über die Randlochkarte als Hilfsmittel in der Dokumentation
1957, 44 Seiten, 15 Abb., 8 Tab., DM 10,10

HEFT 419
K. Brooks
Die Messungen der Reflexionseigenschaften künstlicher und natürlicher Materialien mit quasi-optischen Methoden bei Mikrowellen
in Vorbereitung

HEFT 420
M. Vogel
Das Spektralgebiet zwischen dem langwelligen Ultrarot und Mikrowellen
1957, 66 Seiten, 2 Abb., DM 13,50

HEFT 421
ORR Dipl.-Volkswirt Dr. H. Rogmann, Düsseldorf
Die Erforschung der Verkehrskonjunktur und der langzeitigen Dynamik in der Verkehrswirtschaft (Zusammenfassung der eingegangenen Stellungnahmen und Vorschläge)
1957, 168 Seiten, 3 Tab., DM 26,60

HEFT 422
Prof. Dr.-Ing. K. Leist und Dipl.-Ing. W. Dettmering, Aachen
Prüfstände zur Messung der Druckverteilung an rotierenden Schaufeln
in Vorbereitung

HEFT 423
Prof. Dr.-Ing. K. Leist und Dr.-Ing. O. Thun, Aachen
Strömungsmessungen über Brennkammer-Wirkungsgrade
in Vorbereitung

HEFT 424
Prof. Dr.-Ing. K. Leist und Dipl.-Ing. I. Weber, Aachen
Spannungsoptische Untersuchungen von rotierenden Scheiben mit exzentrischen Bohrungen
in Vorbereitung

HEFT 425
Dipl.-Ing. H. Lübke, Hamburg
Gasturbinen und Strahlantriebe für Hubschrauber
in Vorbereitung

HEFT 426
Prof. Dr.-Ing. H. Opitz und Dipl.-Ing. W. Scholz, Aachen
Untersuchungen über den Räumvorgang
1957, 74 Seiten, 36 Abb., 7 Tab., DM 16,55

HEFT 427
Dr.-Ing. J. Endres, München
Kinematische Untersuchung eines Zweitakt-Hochleistungs-Dieseltriebwerks mit achsparallelen Zylindern und gegenläufigen Kolben
in Vorbereitung

HEFT 428
Dr.-Ing. J. Endres, München
Untersuchungen der Beschleunigungsverhältnisse eines Zweitakt-Hochleistungs-Dieseltriebwerks mit achsparallelen Zylindern und gegenläufigen Kolben
in Vorbereitung

HEFT 429
Prof. Dr. O. Kuhn, Köln
Selektive Wirkung verschiedener Stoffgruppen auf tierische Gewebe
1957, 54 Seiten, 32 Abb., DM 13,15

HEFT 430
Prof. Dr.-Ing. G. Garbotz, Aachen und Dr.-Ing. G. Dress, Cadiz
Untersuchungen über das Kräftespiel an Flachbagger-Schneidwerkzeugen in Mittelsand und schwach bindigem, sandigem Schluff unter besonderer Berücksichtigung der Planierschilde und ebenen Schürfkübelschneiden
in Vorbereitung

HEFT 431
Prof. Dr.-Ing. H. Winterhager, Dr.-Ing. R. Kammel und Dipl.-Ing. W. Barthel, Aachen
Fortschritte auf dem Gebiet der Titanmetallurgie 1950—1955
in Vorbereitung

HEFT 432
Dipl.-Phys. R. Werz, Bonn
Die Entwicklung einer Synchrozyklotron-Ionenquelle
in Vorbereitung

HEFT 433
Dr.-Ing. G. Satlow, Aachen
Über einige physikalische und chemische Eigenschaften der Wolle von der gewaschenen Wolle bis zum Kammzug
1957, 72 Seiten, 15 Abb., 19 Tab., DM 15,25

HEFT 434
Dipl.-Ing. W. Rohs und Dr. J. Geurten, Bielefeld
Schlichten für Baumwollgarne
in Vorbereitung

HEFT 435
Dipl.-Ing. W. Rohs und Dipl.-Ing. L. Steinmetz, Bielefeld
Die Masseungleichmäßigkeit von Flachstreckenbändern in Abhängigkeit von Verzug und Dopplung
in Vorbereitung

HEFT 436
Priv.-Doz. Dr. habil. J. Juilfs, Krefeld
Zur Bestimmung der Reißlast (Zugfestigkeit) von Fasern, Fäden und Garnen
in Vorbereitung

HEFT 437
Prof. Dr. G. Schmölders und Dr. I. Meyer, Köln
Geldwertbewußtsein und Münzpolitik. — Das sogenannte Gresham'sche Gesetz im Lichte der ökonomischen Verhaltensforschung
1957, 92 Seiten, DM 20,30

HEFT 438
Prof. Dr.-Ing. H. Winterhager und Dr.-Ing. L. Werner, Aachen
Bestimmung des elektrischen Leitvermögens geschmolzener Fluoride
1957, 52 Seiten, 18 Abb., 10 Tab., DM 11,90

HEFT 439
Prof. Dr. phil. H. Lange, Köln und Dr. rer. nat. R. Kohlhaas, Neuß/Rh.
Anwendung der thermomagnetischen Analyse zum Studium des Umwandlungsverhaltens von Eisenwerkstoffen im Temperaturbereich von —150° C bis +150°C

HEFT 440
Dr.-Ing. H. Wolf, Aachen
Gekoppelte Hochfrequenzleitungen als Richtkoppler
in Vorbereitung

HEFT 441
Dr. phil. habil. P. Hölemann und Ing. R. Hasselmann, Düsseldorf
Messung des Temperatur- und Druckverlaufes beim Füllen und Entspannen von Dissousgas
1957, 52 Seiten, 6 Abb., 7 Tab., DM 11,25

HEFT 442
Dipl.-Ing. W. Rohs, Text.-Ing. Griese und Text.-Ing. W. Lauer, Bielefeld
Die Auswirkungen der Trocknungsart naßgesponnener Leinengarne auf deren Verarbeitungswirkungsgrad sowie auf die Festigkeits- und Dehnungseigenschaften der Garne und Gewebe
1957, 28 Seiten, 2 Abb., 3 Tab., DM 6,50

HEFT 443
Prof. Dr. phil. W. Weizel und K. Kluth, Bonn
Über die Struktur der positiven Gleitentladungen
in Vorbereitung

HEFT 444
Dr.-Ing. W. Wilhelm, Aachen
Einfluß der Saugrohrabmessung, der Einlaßsteuerlage und der Größe des Kurbelkastenvolumens auf den Ladungswechsel eines Einzylinder-Zweitakt-Dieselmotors
in Vorbereitung

HEFT 445
Dr.-Ing. E. Barz, Remscheid
Fertigungs- und Prüfverfahren für Feilen
vergriffen

HEFT 446
Dr. med. G. Schäfer
Glutationsstoffwechsel und Sauerstoffmangel
1957, 28 Seiten, 5 Tab., DM 6,40

HEFT 447
Prof. Dr.-Ing. F. Bollenrath, Aachen, Dr.-Ing. H. Füllenbach, Seesen/Harz und Dipl.-Ing. J. Schumacher, Neubeckum/Westf.
Entwicklung rationell arbeitender Spritzkabinen
in Vorbereitung

HEFT 448
Dr. med. C. Winkler, Bonn
Ein Koinzidenz-Szintillometer zum Zwecke der Schilddrüsenfunktionsdiagnostik und der Tumordiagnostik
in Vorbereitung

HEFT 449
Priv.-Doz. Oberbaurat Dr.-Ing. W. Meyer zur Capellen und Mitarbeiter, Aachen
Bewegungsverhältnisse an der geschränkten Schubkurbel
in Vorbereitung

HEFT 450
Prof. Dr.-Ing. W. Paul, Bonn und Dipl.-Phys. H. P. Reinhard, M.-Gladbach
Das elektrische Massenfilter als Isotopentrenner
in Vorbereitung

HEFT 451
Prof. Dr. G. Schmölders, Köln
Rationalisierung und Steuersystem
in Vorbereitung

HEFT 452
Prof. Dr. rer. nat. W. Weltzien und Dr. phil. K. Windeck, Krefeld
Veränderungen an Fasern bei der Bleiche mit Natriumchlorid und über einige Vergilbungserscheinungen
in Vorbereitung

HEFT 453
Forschungsinstitut der Feuerfest-Industrie, Bonn
Die Arbeiten der technisch-wissenschaftlichen Kommission der PRE (Vereinigung der europäischen Feuerfest-Industrie)
in Vorbereitung

HEFT 454
Dr.-Ing. W. Piepenburg, Dipl.-Ing. B. Bühling und Bauing. J. Behnke, Köln
Haftfestigkeit der Putzmörtel
in Vorbereitung

WESTDEUTSCHER VERLAG · KÖLN UND OPLADEN

HEFT 455
Dr.-Ing. W. A. Fischer, Dr.-Ing. H. Treppschuh und Dipl.-Phys. K. H. Köthemann, Düsseldorf
Erschmelzung von Reinsteisen nach dem Kohlenstoffproduktionsverfahren und Kerbschlagzähigkeit-Temperatur-Kurven dieses Eisens
in Vorbereitung

HEFT 456
Priv.-Doz. Dir. Dr.-Ing. K. Bungardt, Essen
Zeitstandversuche an austenitischen Stählen und Legierungen
in Vorbereitung

HEFT 457
Prof. Dr. phil. F. Wever, Düsseldorf und Dr. phil. W. Wepner, Köln
Dämpfungsmessungen an schwach gereckten Eisen-Kohlenstoff-Legierungen
1957, 34 Seiten, 7 Abb., 3 Tab., DM 8,40

HEFT 458
Prof. Dr.-Ing. H. Schenck und Dr.-Ing. E. Schmidtmann, Aachen
Das Frischen von Thomas-Roheisen mit Sauerstoff-Wasserdampf-Gemischen und die Eigenschaften der damit erblasenen Stähle
in Vorbereitung

HEFT 459
Prof. Dr. phil. F. Wever, Dr. phil. O. Krisement und Hanna Schädler, Düsseldorf
Ein isothermes Mikrokalorimeter zur kinetischen Messung von Umwandlungs- und Ausscheidungsvorgängen in Legierungen
in Vorbereitung

HEFT 460
Prof. Dr. phil. F. Wever und Dr. rer. nat. B. Ilschner, Düsseldorf
Ein isothermes Lösungskalorimeter zur Bestimmung thermo-dynamischer Zustandsgrößen von Legierungen
in Vorbereitung

HEFT 461
Prof. Dr.-Ing. habil. E. Piwowarski †, Prof. Dr.-Ing. W. Patterson und Dipl.-Ing. F. W. Iske, Aachen
Verbesserung der Zähigkeitseigenschaften von Bessemer-Stahlguß
in Vorbereitung

HEFT 462
Prof. Dr. rer. nat. J. Weissinger
Zur Aerodynamik des Ringflügels — II. Die Ruderwirkung
Zur Aerodynamik des Ringflügels — III. Der Einfluß der Profildicken
in Vorbereitung

HEFT 463
Dipl.-Ing. G. Plüss, Essen-Steele
Die Aufteilung der verbrennlichen Bestandteile in Verbrennungsgasen auf CO und H_2 bei Verbrennung mit Luftunterschuß und bei Luftüberschuß und künstlicher Flammenkühlung
in Vorbereitung

HEFT 464
Dr. phil. habil. P. Hölemann und Ing. R. Hasselmann, Dortmund
Die Möglichkeit der Zündung von Acetylen in Rohrleitungen beim Ausbleiben mit Stickstoff
in Vorbereitung

HEFT 465
Dr.-Ing. R. Koch, Köln
Amerikanische Fertigungsunterlagen und ihre Werkstattreifmachung für deutsche Betriebe
in Vorbereitung

HEFT 466
Prof. Dr.-Ing. J. Mathieu, Aachen
Überbetrieblicher Verfahrensvergleich
in Vorbereitung

HEFT 467
Prof. Dr. Dr. h. c. E. Klenk und Dr. phil. H. Faillard, Köln
Neue Erkenntnisse über den Mechanismus der Zellinfektion durch Influenzavirus
Die Bedeutung der Neuraminsäure als Zellreceptor für das Influenzavirus
in Vorbereitung

HEFT 468
Prof. Dr. med. Dr. med. dent. G. Korkhaus und Dr. med. R. Alfter, Bonn
Die Vakuumwurzelbehandlung
in Vorbereitung

HEFT 469
Dr. sc. agr. F. Riemann und Dipl.-Volksw. R. Hengstenberg, Göttingen
Zur Industrialisierung kleinbäuerlicher Räume
1957, 130 Seiten, 5 Karten, 23 Tab., DM 27,—

HEFT 470
O. Wehrmann
Hitzdrahtmessungen in einer aufgespaltenen Kármánschen Wirbelstraße
1957, 42 Seiten, 14 Abb., 4 Tab., DM 10,90

HEFT 471
Prof. Dr. phil. habil. A. Naumann, Dr.-Ing. A. Heyser und Dipl. Dipl.-Ing. W. Trommsdorff, Aachen
Der Überdruck-Windkanal in Aachen
in Vorbereitung

HEFT 472
Dipl.-Ing. A. Freitag, Essen-Steele
Verhalten von Katalytstrahlern bei Betrieb mit Luftvormischung zum Gas und der Verbrennung von Luft gegen eine Gasatmosphäre
in Vorbereitung

HEFT 473
Prof. Dr. phil. F. Wever, Dr.-Ing. W. Lueg und Dipl.-Ing. P. Funke jr. Düsseldorf
Versuche an einer hydraulischen 25 t-Stangenziehbank
in Vorbereitung

HEFT 474
Dr.-Ing. R. Ibing und Dipl.-Ing. G. Meier, Hannover
Eichung und Entwicklung von Staubentnahmesonden
in Vorbereitung

HEFT 475
Prof. Dipl.-Ing. W. Sturtzel, Obering. Helm und Dipl.-Ing. Heuser, Duisburg
Systematische Ruderversuche mit einem Schleppkahn und einem Binnenselbstfahrer vom Typ „Gustav Koenigs"
in Vorbereitung

HEFT 476
Prof. Dipl.-Ing. W. Sturtzel und Dipl.-Ing. Schmidt-Stiebitz, Duisburg
Einfluß der Hinterschiffsform auf das Manövrieren von Schiffen auf flachem Wasser
in Vorbereitung

HEFT 477
Dr. K. Utermann, Dortmund
Freizeitprobleme bei der männlichen Jugend einer Zechengemeinde
in Vorbereitung

HEFT 478
Prof. Dr.-Ing. habil. W. Petersen und Dr.-Ing. S. Wawroschek, Aachen
Brikettierungsversuche zur Erzeugung von Möllerbriketts unter Verwendung von Braunkohle
in Vorbereitung

HEFT 479
Prof. Dr.-Ing. W. Wegener, Aachen und Dipl.-Ing. H. Fourné, Bochum
Ursachen des Überschreitens der Toleranzgrenze nach oben oder unten (Meter pro Gramm) an der Strecke
in Vorbereitung

HEFT 480
Dr. phil. K. Brücker-Steinkuhl, Düsseldorf
Anwendung mathematisch-statistischer Verfahren bei der Fabrikationsüberwachung
in Vorbereitung

HEFT 481
Oberbaurat Dr.-Ing. W. Meyer zur Capellen, Aachen
Fünf- und sechspunktige Geradführung in Sonderlagen des ebenen Gelenkvierecks
in Vorbereitung

HEFT 482
Dipl.-Ing. R. Pels-Leusden und Dr. K. Bergmann, Essen
Die Frostbeständigkeit von Ziegeln; Einflüsse der Materialzusammensetzung und des Brandes
in Vorbereitung

HEFT 483
Prof. Dr.-Ing. habil. F. A. F. Schmidt, Aachen
Gemischbildungs-, Selbstzündungs- und Verbrennungsvorgänge als Grundlage für Entwicklungsarbeiten an Gasturbinenbrennkammern
in Vorbereitung

HEFT 484
Prof. Dr. habil. H. E. Schwiete und Dr. G. Schwietz, Aachen
Beitrag zur Struktur des Montmorillonit
in Vorbereitung

HEFT 485
Prof. Dr. phil. E. Jenckel, Aachen, Dr. H. Wilsing, Dormagen, Dr. H. Dörffurt, Wesseling/Bez. Köln und Dipl.-Phys. H. Rinkens, Eschweiler
Kristallisation und Hochpolymeren
in Vorbereitung

HEFT 486
Doz. Dr. med. E. Lerche und Dr. med. J. Schulze, Aachen
Hörermüdung und Adaptation im Tierexperiment
in Vorbereitung

HEFT 487
Prof. Dipl.-Ing. W. Blume, Duisburg
Festigkeitseigenschaften kombinierter Leichtbaustoffe im Hinblick auf die Verkehrstechnik, insbesondere des Flugzeugbaus
in Vorbereitung

HEFT 488
Prof. Dr. habil. H. E. Schwiete und Dipl.-Chem. H. Westmark
Beitrag zur Kennzeichnung der Texturen von Schamottesteinen
in Vorbereitung

HEFT 489
Dipl.-Math. K. H. Müller
Strenge Lösungen der Navier-Stokes-Gleichung für rotationssymmetrische Strömungen
in Vorbereitung

HEFT 490
Hauptstelle für Staub- und Silikosebekämpfung des Steinkohlenbergbauvereins, Essen-Rüttenscheid
Zur Staub- und Silikosebekämpfung im Steinkohlenbergbau
in Vorbereitung

HEFT 491
Prof. Dr. Fr. Lotze und K. Kötter, Münster
Chloridgehalte des oberen Emsgebietes und ihre Beziehungen zur Hydrogeologie
in Vorbereitung

HEFT 492
Prof.-Dr. phil. J. Meixner und B. Manz, Aachen
Zur Theorie der irreversiblen Prozesse in α-Eisen
in Vorbereitung

HEFT 493
Prof. Dr. phil. habil. A. Naumann und Dipl.-Ing. H. Pfeiffer, Aachen
Versuche an Wirbelstraßen hinter Zylindern bei hohen Geschwindigkeiten
in Vorbereitung

HEFT 494
Dipl.-Ing. W. Rohs und Text.-Ing. Griese, Bielefeld
Entwicklung und Erprobung eines verbesserten elektrischen Kettfadenwächtergeschirrs für die Leinen- und Halbleinenweberei
in Vorbereitung

HEFT 495
Prof. Dr. phil. E. Asmus und Dr. rer. nat. H.-F. Kurandt, Berlin
Einige analytische Anwendungen der Zincke-Königschen Reaktion
in Vorbereitung

HEFT 496
Dipl.-Chem. P. Vogel, Krefeld
Färberische Eigenschaften von zur Herstellung von Verdickungen in der Stoffdruckerei bestimmten Sorten
in Vorbereitung

HEFT 497
Oberarzt Dr. med. G. Mußgnug, Bottrop
Die Knochenveränderungen und der Knochenstoffwechsel beim Sudeck-Syndrom
in Vorbereitung

HEFT 498
Prof. Dr.-Ing. H. Zahn und Dr. rer. nat. W. Gerstner, Aachen
Herstellung säurefester technischer Gewebe
in Vorbereitung

HEFT 499
Priv.-Doz. Dr. J. Juilfs, Krefeld
Die Bestimmung des Wasserrückhaltevermögens (bzw. des Quellwertes) von Fasern
in Vorbereitung

WESTDEUTSCHER VERLAG · KÖLN UND OPLADEN

HEFT 500
Priv.-Doz. Dr. J. Juilfs, Krefeld
Vergleichende Untersuchungen am Schopper-Scheuerprüfgerät
in Vorbereitung

HEFT 501
Dipl.-Ing. W. Rohs und Dr. J. Geurten, Bielefeld
Untersuchungen in der Leinengarnbleiche
in Vorbereitung

HEFT 502
Prof. Dr. M. Diem und Dr. R. Trappenberg, Karlsruhe
Berechnung der Ausbreitung von Staub und Gas
1957, 30 Seiten, Anhang 67 Diagramme, DM 37,30

HEFT 503
Prof. Dr. W. Weizel und Dr. rer. nat. J. Faßbender, Bonn
Untersuchungen über die Eigenschaften von Cadmiumsulfid-Sandwich-Zellen
in Vorbereitung

HEFT 504
Prof. Dr. phil. F. Wever, Dr. phil. W. Wink und Dr. rer. nat. W. Jellinghaus, Düsseldorf
Versuchsanordnung zur Messung der Suszeptibilität paramagnetischer Stoffe und Meßergebnisse an Nickel-Chrom- und Kobalt-Nickel-Chrom-Werkstoffen
in Vorbereitung

HEFT 505
Prof. Dr.-Ing. F. A. F. Schmidt und Dipl.-Ing. H. Heitland, Aachen
Einfluß des Selbstzündungsverhaltens der Kraftstoffe auf den Verbrennungsablauf, Wirkungsgrad und Druckverlust von Hochleistungsbrennkammern
in Vorbereitung

HEFT 506
Prof. Dr.-Ing. W. Meyer zur Capellen, Aachen
Der Flächeninhalt von Koppelkurven. — Ein Beitrag zu ihrem Formenwandel
in Vorbereitung

HEFT 507
Prof. Dr. H. Kaiser, Dr. G. Bergmann und Dr. G. Gresze, Dortmund
Kartei zur Dokumentation in der Molekülspektroskopie
in Vorbereitung

HEFT 508
Dr. H. Schmidt-Ries, Krefeld
Limnologische Untersuchungen des Rheinstromes I (Hydrobiologische und physiographische Untersuchungen
in Vorbereitung

HEFT 509
Dr. Schmidt-Ries, Krefeld
Limnologische Untersuchungen des Rheinstromes I (Tabellenwerk)
in Vorbereitung

HEFT 510
Prof. Dr. rer. nat. W. Groth und Dr.-Ing. K. Bayerle, Bonn
Anreicherung der Uranisotope nach dem Gaszentrifugenverfahren
in Vorbereitung

HEFT 511
H. Wahl, G. Kantenwein und W. Schäfer, Essen
Gesteinsbohr-Modellversuche zur Frage des Drehbohrens, Schlagbohrens und Drehschlagbohrens
in Vorbereitung

HEFT 512
Prof. Dr. H. Strassl, Bonn
Azimut-Monogramme für alle Stundenwinkel und Deklinationen im Bereich der geographischen Breiten von $-80°$ bis $+80°$
in Vorbereitung

HEFT 513
Prof. Dr. W. Schmitz und Dr. rer. F. Schmitt, Mülheim/Ruhr
Die Verwendung des Magnetbandgerätes zur Speicherung des Kurvenverlaufs elektrischer Ströme
in Vorbereitung

HEFT 514
Dr. rer. nat. M.-E. Meffert, Essen
Die Kultur von Scenedesmus obliquus in Abwasser
in Vorbereitung

HEFT 515
Prof. Dr. habil. H. E. Schwiete und Dr.-Ing. Chr. Hummel, Aachen
Thermochemische Untersuchungen im System SiO_2 und Na_2O-SiO_2
in Vorbereitung

HEFT 516
Prof. Dr.-Ing. H. Müller, Dipl.-Ing. F. Reinke und Dipl.-Ing. W. Sorgenicht, Essen
Gesamtstrahlungsmessungen der Temperaturstrahlung
in Vorbereitung

HEFT 517
Prof. Dr. med. G. Lehmann und Dr. med. J. Meyer-Delius, Dortmund
Gefäßreaktionen der Körperperipherie bei Schalleinwirkung
in Vorbereitung

HEFT 518
Dr.-Ing. H. Scheffler, Dortmund
Funktionelle Zusammenhänge der dynamischen Einflußgrößen beim handgeführten Druckluft-Abbauhammer und ihre Berücksichtigung für die Konstruktion rückstoßarmer Hämmer
in Vorbereitung

HEFT 519
Prof. Dr. phil. F. Wever, Dr. phil. W. Koch und Dr. phil. S. Eckhard, Düsseldorf
Die spektrographische Bestimmung der Spurenelemente in Stahl ohne vorherige Abbrennung
in Vorbereitung

HEFT 520
Prof. Dr.-Ing. H. Opitz, Dipl.-Ing. H. Obrig und Dipl.-Ing. P. Kips, Aachen
Untersuchung neuartiger elektrischer Bearbeitungsverfahren
in Vorbereitung

HEFT 521
Prof. Dr.-Ing. H. Opitz und Dipl.-Ing. K. E. Schwartz, Aachen
Das Abrichten von Schleifscheiben mit Diamanten
in Vorbereitung

HEFT 522
J. Lorentz und K. Brocks
Elektrische Meßverfahren in der Geodäsie
in Vorbereitung

HEFT 523
K. Eberts
Entwicklungen einiger Meßverfahren und einer Frequenz- und amplitudenstabilisierten Meßeinrichtung zur gleichzeitigen Bestimmung der komplexen Dielektrizitäts- und Permeabilitätskonstante von festen und flüssigen Materialien im rechteckigen Hohlleiter und im freien Raum bei Frequenzen von 9200 und 33000 MHz
in Vorbereitung

HEFT 524
Dr. rer. nat. S. Lockau, Emlichheim
Versuche zur Gewinnung von Kartoffeleiweiß
in Vorbereitung

HEFT 525
Prof. Dr. Dr. h.c. H. P. Kaufmann und Dr. F. Weghorst, Münster
Beiträge zur Chemie und Technologie der Fetthärtung I

HEFT 526
Dr. phil. habil. P. Hölemann und Ing. R. Hasselmann, Dortmund
Einfluß der Oberflächenbeschaffenheit der Wandung auf den Ablauf von Azetylenexplosionen
in Vorbereitung

HEFT 527
Dr. rer. nat. K. G. Müller, Hanau/W.
Wärmeübertragung auf eine Flugstaubströmung im senkrechten Rohr sowie auf eine durchströmte Schüttgutschicht
in Vorbereitung

HEFT 528
Dr. P. Ney und Dr. F. Schwarz, Köln
Physikochemische Grundlagen der Bildsamkeit von Kalken unter Einbeziehung des Begriffs der aktiven Oberfläche
Kristallchemische Betrachtung der Bildsamkeit
in Vorbereitung

HEFT 529
Dr. phil. G. Riedel, Dortmund
Messung und Regelung des Klimazustandes durch eine die Erträglichkeit für den Menschen anzeigende Klimasonde
in Vorbereitung

HEFT 530
Prof. Dr. med. O. Graf, Dortmund
Nervöse Belastung im Betrieb — I. Teil: Nachtarbeit und nervöse Belastung
in Vorbereitung

HEFT 531
Prof. Dr.-Ing. habil. K. Krekeler, Dipl.-Ing. H. Verhoeven und Dipl.-Ing. H. Ernenputsch, Aachen
Autogenes Entspannen bei niedrigen Temperaturen
in Vorbereitung

HEFT 532
Prof. Dr.-Ing. habil. K. Krekeler, Dipl.-Ing. H. Verhoeven und Dipl.-Ing. W. Krieweth, Aachen
Schutzgasschweißen mit kontinuierlich abschmelzender Elektrode von niedriglegierten Kohlenstoffstählen (Sigma-Schweißen)
in Vorbereitung

WESTDEUTSCHER VERLAG · KÖLN UND OPLADEN

If you have any concerns about our products,
you can contact us on
ProductSafety@springernature.com

In case Publisher is established outside the EU,
the EU authorized representative is:
Springer Nature Customer Service Center GmbH
Europaplatz 3, 69115 Heidelberg, Germany

Printed by Libri Plureos GmbH
in Hamburg, Germany